U0048224

咖啡癮史

從衣索匹亞到歐洲
橫跨八百年的咖啡文明史

The Devil's Cup
Coffee, the Driving Force in History

史都華‧李‧艾倫 Stewart Lee Allen 著
簡瑞宏 譯

目錄

導讀

小小咖啡豆，魔力無邊

　　這是一本寓教於樂，探索咖啡趣史的壯遊記，作者史都華．李．艾倫是重度咖啡嗜者，也是一名多才多藝的作家兼咖啡冒險家。

　　十九世紀法國著名歷史學家朱爾．米榭勒（Jules Michelet）將西方文明的啟蒙，歸功於歐洲從爛醉如泥的酒鬼國度，成功轉型為喝咖啡的理性社會：「文藝復興發抒的新思潮，部份歸因於一件足以養成新生活習慣，甚至改變民眾氣質的大事件——那就是咖啡的出現。」作者為了證實此論點，不惜自掏腰包，上窮碧落下黃泉，從香醇的源頭，阿拉比卡的原生地衣索匹亞起程，走訪四分之三個世界，探索咖啡真理。

　　有文獻記載的世界咖啡史，濫觴於十五世紀的阿拉伯世界，距今不過短短七百年，卻也波濤壯闊，血淚斑斑，堪稱一部歐洲列強侵略史，而阿拉比卡咖啡樹的傳播路徑，從舊世界的衣索匹亞和葉門，傳播到新世界的印度、印尼和拉丁美洲，恰好與殖民帝國的擴張足跡不謀而合，從東非到葉門，一路東進印度、錫蘭、印尼，直

到1714至1720年以後，荷蘭人和法國海軍軍官狄克魯，才將咖啡樹引進到加勒比海諸島與中南美洲，一舉打破回教世界（葉門與鄂圖曼帝國）壟斷咖啡產銷數百年的局面。

換句話說，目前阿拉比卡產量最大的中南美洲，在十八世紀初葉以前，是沒有半株咖啡樹。荷蘭、法國、葡萄牙等殖民帝國，洞悉咖啡黑金的龐大商機，在擴張屬地的同時，也引進非洲黑奴到亞洲和拉丁美洲種咖啡，堪稱無本生意，因為土地與苦力全是武力掠奪而來。但咖啡因與咖啡館確實有助歐洲人開智與排便，擺脫酗酒、便秘的弱智生活形態。1789年法國大革命的志士，在攻陷巴士底監獄前，就是在咖啡館誓師，而法國大文豪巴爾札克、軍事家拿破崙、作曲家貝多芬等歷史名人，都是咖啡因的受益者。

作者尋找咖啡真理的壯遊記，大致上也是依循此路線，尋秘探險。雖然十五世紀以前是咖啡的「史前時代」，並無文獻可考，但據史學家考證，最早的咖啡不是用喝的，而是以嚼食咖啡果子與葉片，獲取提神物。居住在衣索匹亞西南部卡法（Kaffa）森林的奧羅墨族（Oromo，俗稱蓋拉族）是最早利用咖啡因的勇士，有嚼食咖啡果提神的習慣，甚至將咖啡果搗碎，混以油脂，揉成圓球，是征戰或打家劫舍前必吃的「鐵糧」。

Kaffa森林隨處可見野生咖啡，不但是阿拉比卡原產區也是咖啡基因龐雜度最高地區，因此語言學家認為Coffee的語音源自Kaffa。但另有學者認為咖啡語音源自阿拉伯語「美酒」（Qahwa），這兩字的讀音近似咖啡。

作者也來到衣索匹亞東部古城哈拉，進行考察，這裡盛產「長

身豆」，也是阿拉比卡傳進葉門的跳板。原來奧羅墨族人與其他部族戰爭失利被俘後，輾轉從哈拉古城運到葉門做奴隸，進而將隨身的提神聖品咖啡果子，帶到阿拉伯半島，點燃咖啡浪漫史。

有趣的是，作者發現衣索匹亞的咖啡古音，不是Kaffa，更不是Qahwa，而是「布納」（buna），「咖啡是我們的麵包」，衣索匹亞語音為：「Buna dabo naw」，萬沒想到咖啡原產地衣索匹亞的咖啡發音，竟迥異於學者所界定的字源，又為浪漫咖啡史添增一頁趣聞。另外，法國十九世紀詩壇神童韓波，棄文從商，遠赴哈拉買賣咖啡，作者也親訪韓波的哈拉故居，由於發音問題，他誤以為當地人要帶他去看「藍波」電影，令人莞爾。

咖啡從舊世界傳入新世界的過程，爾虞我詐，美人計、美男計，無所不用其極。「催生公」狄克魯，汪洋歷險計，太傳奇了，作者懷疑真有此號人物嗎？親自殺到法國西北部的迪佩（Dieppe），居然找到了狄克魯的曾曾曾……孫女凱薩琳‧伯內‧柯特羅，證實狄克魯當年以美人計，智取凡爾賽宮暖房裡的咖啡幼苗，千里迢迢護送到加勒比海馬丁尼克島的事蹟，千真萬確。

作者也來到維也納，探索1683至1684年鄂圖曼帝國的蘇丹王穆拉德四世（Murad IV）攻打維也納的離奇故事。當年微服出城，順利打探土耳其軍情的間諜法蘭茲‧柯奇斯基（Franz Kolschitzky），為維也納立下大功，但他不要金錢獎賞，只要土耳其軍隊留下的咖啡豆，據此開設藍瓶子咖啡館，並發明了過濾式咖啡加牛奶新喝法，點燃歐陸咖啡熱潮，不同於回教徒喝咖啡不過濾、不添奶的古早味。後人尊奉柯奇斯基為拿鐵和卡布奇諾的先驅。

最後，作者回到美國，探討南北戰爭，聯邦政府的北軍最後獲勝的要因，竟然是北軍掌控各大港口，以提神的咖啡為軍糧，阿兵哥作戰更賣力，一舉擊潰無咖啡可喝的南軍！咖啡因從一次大戰以來就是美國國防部的秘密武器。

有文字記載的咖啡癮史雖只有短短幾百年，但小小咖啡豆，魔力無邊，世人為之瘋狂，更衍生出許多奇風異俗，值得玩味。多了咖啡趣史調味的咖啡，喝來千香萬味，更為甜美！

咖啡學系列作者　韓懷宗

2015 年 1 月 20 日

01

第一杯咖啡

煮咖啡像在製作一件藝術品，所以也要用藝術的氣氛品嚐。

——卡迪爾（Abd el Kader），十六世紀

非洲‧肯亞（Kenya）→
衣索匹亞（Ethiopia）

1988，從肯亞出發

「衣索匹亞最棒了！」比爾的眼睛為之一亮。

「非洲的佳餚當然非衣索匹亞莫屬了，而衣索匹亞的女孩更不必說了……」

「不要再提那些女孩了，」我說。

比爾是倫敦的鉛管工人，也是虔誠的佛教徒。他最大的興趣就是趕快為我找女友。他很積極，卻沒有原則。上回因他的關係，我還得想辦法趕走一位體型大我兩倍的肯亞性工作者，當時她不斷叫嚷：「我已準備迎接你的愛情了！」

「不准再幫我湊合了！」我一再重申。想起上次慘痛經驗，我不禁打了寒顫，「你不用再費心了。」

「你又不一定要跟她們上床，」他對我使個眼色，「但我想你會的。」

「我打包票，絕對不會。」

「還有他們的布納（Buna）[1]，哇塞！他們的『布納』是全世界最高級的！」

「布納？是什麼東西？」

「就是咖啡呀！」他回答：「產自衣索匹亞呀！」

---

1. 布納，是衣索匹亞語的咖啡古音，原產於西南部的 Kaffa（Kefa）森林。

我們決定到衣索匹亞吃午餐。肯亞北部的公路幾乎看不到公車，我們只好搭便車。幸運的，我們搭上一輛載滿汽水的塔塔（Tata）卡車。一路上映入眼簾的是荒涼景象，約二十小時路程只見被烈日烤得焦黑的石頭，與一大片枯萎雜草，唯一可見的文明遺跡是一輛被子彈射穿的報廢公車。

我們不擔心搶匪，因為車上有兩位手持武器的衛兵。約七小時車程後，我們看到早上沒能搭上的卡車。可能是道路顛簸不平，卡車的車軸斷裂造成車禍，車身斷成兩截，司機與半數乘客喪命。逃過一劫的生還者，是身穿傳統紅袍、身高超過七呎的馬賽武士。這些武士的耳垂因穿耳洞而拉得很長，每個人都在哭泣，激動的向天空揮舞長矛，因為有個同伴慘死在一堆破碎的百事可樂瓶罐之下。

我們抵達衣索匹亞之後，邊境卻不通了。在邊境看守的唯一衛兵很和善，卻堅持不讓我們通過邊境，依規定，外國人不准進入衣索匹亞境內。比爾向他解釋，我們並不是要進入衣索匹亞境內，只是想探訪模耶（Moyale）的小村莊，這村子剛好半邊位在衣索匹亞境內。

「應該沒違法吧！」比爾向衛兵據理力爭。

衛兵想了一下回答：「沒錯，外國人確實可以在白天到模耶觀光。」但他又搖搖頭說：「可是星期日不行！」他提醒我們，衣索匹亞是基督教國家。

比爾不想放棄，又問：「模耶有沒有衣索匹亞旅客接待所呢？」

「當然有，」衛兵回答：「你們想去嗎？」

「啊──嗚──」比爾用衣索匹亞的語氣音，慎重的向衛兵表

示非常想去。

「那沒問題，」衛兵說：「你只要往前一直走，然後左轉就到了。」

政府經營的旅館收費很高，我們找當地小旅館——應該說是用泥巴塗地板，以乾草為屋頂的小木屋。但是餐廳的料理確實美味，有奶油辣雞煲（doro wat）、發酵過的薄餅（injera）與蜜酒（tej）。餐後當然是一杯香濃咖啡。

當歐洲人早餐還在喝啤酒時，衣索匹亞人已經在喝咖啡了。幾百年前，衣索匹亞已有分享咖啡的儀式。他們把青綠的咖啡豆放在桌上火烤，主人會將還在冒煙的咖啡豆傳遞給在場人士，讓大家分享濃烈的咖啡香味，並以祝福或歌誦方式讚揚友情，然後在灰泥上用石頭將咖啡豆磨成粉末，煮成咖啡。

這一天，旅館女主人以這種分享儀式煮咖啡請我們。之前我曾看過這種煮咖啡方式，但從沒有像這次感受讓人回味無窮。女主人是典型衣索匹亞村婦，身材勻稱、優雅且美艷動人。她身穿橘、紫色相間的圍裙，在微暗而羅曼蒂克的小屋，將有薑汁、草香味的鮮濃咖啡倒進沒有手把的小型陶製咖啡杯，風味絕佳。

整個儀式有時會花一個鐘頭，依據這個儀式的不成文規定，每個人都必須喝三杯咖啡，因為一、二、三代表友誼（Abole-Berke-Sustga）。很可惜，女主人的咖啡豆只夠我們各煮一杯。「明天再來！」她對我們說，明天一定會有更多的咖啡豆。眼看傍晚戒嚴時刻就快到了，我們只得儘快趕回肯亞邊境。

衣索匹亞咖啡儀式。桌上有三套咖啡杯，每套有三
個杯子，因為一、二、三代表著友誼。

　　但第二天，站崗的衛兵怎麼說也不讓我們回衣索匹亞。我們在
邊境僵持好幾個小時，無論講理或賄賂，都無法動搖衛兵的決定。
於是我們始終得不到承諾的第二杯咖啡。

　　接下來的十年，衣索匹亞政府垮台，無數百姓因飢荒喪命，
內戰連連導致國家瓦解分據。這段期間，我的人生也是雜亂無章。
我待過四大洲的十一個城市，也曾一年內搬五次家。我之所以能忍
受這種曲折，是因為相信自己會在三十五歲放下一切，回到浪跡生
涯。

　　那是一條不歸路，也像我們所常說的「出去散散心」。其實這

也是被動式的尋死吧！如果我是佛教徒，或許會說是期待「忘我」的境界。隨便我們怎麼說吧！儘管如此，我卻不小心陷入情網，我竟然跑到澳洲結婚（又是另一種找死的方法），這場婚姻也證實我的愚蠢。在這裡不多做解釋了，反正結果是我被送到德蕾莎修女在印度加爾各答創立的病患收容所。

我認為加爾各答是世界最偉大的城市。如果問我為什麼？我會說，那是無法忍受的痛苦、傲慢、慈悲、聰慧，以及貪婪攪和在一起的城市，而且二十四小時不斷發生在你眼前。

有一次，我坐公車目睹車外一位女士因為飢餓而不支倒地，當時對街有群孩子歡天喜地的玩著槌球，沒有人注意她；在這之前，我還看到不遠處有位女士的脖子以下浸泡在泥池裡，對著太陽誠心禱告。此外，這個城市也是藏書家的天堂。我就是在這裡的書店找到一份很奇特的原稿，印在上頭的文字已難辨識，上面的寫法像是古老大陸式英文。我不曉得書名是什麼，因為書皮早已腐爛。我想，一定是半瘋癲的印度激昂論著，分析西方營養不均是如何造成，批判破壞大自然的反社會人士。

書中的短文都在痛批肉食者（印度人是素食者）和屠牛者（因為對印度人來說，牛是神聖的動物）。書中有一句話令我嘆息，「來自非洲的邪惡黑豆。」以下就是這段敘述：

> 我想請問讀者，那些黑皮膚的野蠻人在祭神的動物犧牲前吃下咖啡豆，你們不覺得很古怪嗎？其實只要比較愛喝咖啡的暴

力西方民族，和愛飲茶的和平東方族群，就可以清楚了解苦澀咖啡給人類帶來怎樣害處，甚至致命影響。

在加州有許多人和印度人一樣，相信吃什麼樣的食物就會長成什麼樣的人。但令我吃驚的是，我在越南找到一本法文書籍，那本書裡有一段強烈對比的描述，書名叫做《我的札記》（*Mon Journal*），作者是朱爾·米榭勒（Jules Michelet），他是社會評論家兼歷史學家。書中，他將西方社會的文明啟蒙歸因於歐洲人喝咖啡，他說：「我們有如此進步的社會文化，部份功勞應該歸屬一項重大事件，造成創新習慣，甚至改變人性——就是咖啡的出現。」

我不禁想：真不愧是法式作風，將西方文明的誕生歸功於一杯濃縮咖啡。但米榭勒的見解與現代科學確實有雷同之處，也就是有某些食物的確曾經默默影響歷史變化。有研究民族植物學的專家，最近發表論文指出：某些特定的蘑菇或蕈類，確實有改變腦部作用的成份；還有許多報導顯示馬雅人描述的「祭祀用美洲虎」，實際上就是祭司在準備迷幻藥時所使用的青蛙。最近的研究發現，埃及法老的神聖紫羅蘭之所以神聖，是因為它有毒（有使人迷幻的作用）。這些食物都是讓人上癮的麻藥，而咖啡就是其中一種；我之所以知道，是因為我自己也是咖啡上癮者。或許真的給米榭勒說中了。歐洲人到底從什麼時期開始喝咖啡？咖啡代替什麼飲料？這我一概不知。

為了解開這個謎，我探索全世界四分之三土地，全程近兩萬哩，我坐火車、帆船、人力車、貨船或騎驢。然而，我在寫作本書

時還不知該如何解釋這些紀錄。有時，我覺得這些只不過是受咖啡因影響的癮君子亂寫的東西；其他時候，它又像是可信度很高的研究。當時我知道，如果要證實米榭勒提出的論點，就必須到兩千年前發現咖啡的所在地，到那個我等十年才可以回去的國家。

我想，現在該是回衣索匹亞喝第二杯咖啡的時候了。

02

衣索匹亞的咖啡源頭

喝完第一杯、第二杯,與第三杯之後,我們就是永遠的朋友。
——阿迪斯阿貝巴的騙子(Con artist in Addis Ababa)

衣索匹亞‧哈拉(Harar)

地獄的季節

「你喜歡藍波嗎？」問我話的是一位瘦小阿拉伯人，他蹲在白色土牆的陰影下，有尖銳的眼睛、稀疏的鬍子，頭上裹著白色印度頭巾。實在看不出他是席維斯・史特龍影迷。

「藍波？」我不肯定的重複。

他點點頭，「沒錯，是藍波。」他抖一下骯髒圍巾，把衣角從地上撩起來，「藍波。」他又講一次，但無精打采好像無趣的樣子。

「你是藍波迷？」我感到訝異，因為查爾斯・布朗森（Charles Bronson）在那裡比較有名。我伸展一下手臂，想問清楚他的意思：「你真的喜歡？」

他一副不高興的看著我，「藍──波」，他固執的再說一次，「藍波、藍波，」並問我：「你喜歡嗎？」

「不喜歡！」我邊說邊走開，「我不喜歡！」

我剛抵達哈拉（Harrar），是座落衣索匹亞高原的偏僻小鎮。經過辛苦而漫長的二十四小時火車旅程，從首都阿迪斯阿貝巴到哈拉，我就已經喜歡這個小鎮。哈拉彎曲的小巷不但車子少，扒手也少，不像阿迪斯阿貝巴到處是小偷，像揮不去的蒼蠅。有一晚，我從阿迪斯阿貝巴的居所外出，參加「友誼的咖啡儀式」後差點遭搶。

我喜歡哈拉的阿拉伯風味，白漆土牆的建築，還有女孩身穿五顏六色的非洲吉普賽圍巾裙。看來只有藍波迷的男子想向我撈點錢，但他卻不像大壞蛋。

哈拉城街道一景。

　　我走進一間舒適的咖啡廳,選擇在有樹蔭的位置坐下。這家咖啡廳使用舊式咖啡機,煮好後再用小酒杯端給客人。這種咖啡的味道強烈得令人吃驚。我想應該是衣索匹亞特殊咖啡豆煎烤產生的焦味。哈拉的咖啡豆是世界數一數二,排名只在牙買加和葉門之後。可是哈拉的咖啡豆風味很特別……我猜是當地的咖啡豆與薩伊(Zaire)的羅巴斯塔(Robusta)咖啡豆混合[1],才會喝完第一杯就有興奮感。

我再點第二杯咖啡時，那位藍波迷在對街盯著我，我們對看一眼，他聳聳肩，擺出要帶路的手勢，我則皺一下眉頭。

哈拉是非洲唯一有自己傳說的古老城鎮，曾因一位伊斯蘭聖人預言而對外封閉幾百年。那個預言說，哈拉會因為非穆斯林人進入而崩潰瓦解。封城期間，想進入的基督徒會遭斷頭，非洲商人也被禁在門外，他們的命運則由當地的獅子擺佈。其實當時的哈拉城沒有好到哪，路上到處是獵狗啃咬無家可歸的人民，巫術與販賣奴隸的風氣非常興盛，尤其是將去勢的黑人男孩賣給土耳其妻妾，作為她們的奴僕。到了十九世紀，這座封閉的城市由於與世隔絕太久了，因而產生與外面不同的語言，到現在當地人還在使用。

這些傳奇軼事曾吸引歐洲最勇猛的冒險家到哈拉一探究竟，有些人成功闖進，也有許多人失敗，直到理察‧伯頓爵士（Sir Richard Burton，發現尼羅河源頭的英國人）在1855年喬裝成阿拉伯人，隨人群混入城裡，哈拉城就此瓦解。

讓人印象深刻的早期西方訪客，是法國象徵主義詩人亞瑟‧韓波（Arthur Rimbaud）。韓波到巴黎時只有十七歲，經過一年追求「感官刺激」的生活之後，他被封為城裡最頹廢的人。十九歲時，他完成傑作《地獄的季節》（*A Season in Hell*）；二十歲時，他已經寫下想表達的全部感情，之後就封筆不再寫詩，神秘消失了。這個韓波呀……

「藍波！」我大叫一聲，從座位跳起來。原來那傢伙指的是韓

1.羅巴斯塔，是顆粒較小、形狀大小不一的咖啡豆，產於烏干達、薩伊、剛果等國。

亞瑟・韓波（1854-1891）

波（英文讀音是藍波沒錯），他想要帶我去韓波的豪宅。這位天才詩人放棄寫詩之後，其實沒有真正消失，他只是突然甦醒過來，成為哈拉城的咖啡商人。此時，那個藍波迷男子卻已經消失無蹤。

韓波會到衣索匹亞，不只是為了要進入買賣咖啡的行列，事實上他也想親身體會《地獄的季節》裡的一段敘述。他在書中預言自己會到一個並不存在的氣候地帶，回來後會「有鋼鐵般堅硬肢體、古銅色皮膚，以及類似瘋狗的凶惡眼睛。」他真正想要的是冒險、刺激，還有金錢，他在哈拉已得到前兩項。當時，哈拉族長已被罷黜二十年了，社會瀰漫緊張情勢，法國商人需要一位能夠為了一顆咖啡豆而犧牲性命的瘋狂人物（雖然當時報酬高達每磅一百美元，還是少有人願意涉足這項生意。）韓波正是他們想要找的人。

哈拉生產的那種長條型咖啡豆（Longberry）之所以重要，並不只因氣味香濃而出名。有很多人認為，看似不起眼的羅巴斯塔豆，就是在這裡升等為進化後的「阿拉伯種豆」，這就是為什麼衣索匹亞哈拉的豆子突然冒出頭的原因。如果想了解這個重要性，就要先知道這裡的咖啡豆有兩個種類：一種是來自東非甘美香濃的阿拉伯豆，這種咖啡豆生產於海拔較高的地區；另外一種是被視為無

物，來自薩伊的羅巴斯塔豆，這種咖啡豆到處都有生產。了解這一點之後，接下來我們就可以回到文明之前，還沒有發現咖啡因的神秘時代。

大約在一千五到三千年前，世界第一個將咖啡當作食品的族群奧羅墨人（Oromo），就住在古老的柯法（Kefa）王國[2]。當時奧羅墨人不喝咖啡，而是用吃的；有人還將咖啡豆與油脂混合，磨成高爾夫球大小的點心食用。他們喜歡在與邦噶族人（Bongas）作戰前含著這種咖啡球以增加注意力，因為他們幾乎每次都被邦噶族打敗。當時的邦噶族最會販賣奴隸，每年將七千多個奴隸送往哈拉城的阿拉伯市場販賣。部份不幸的奴隸是被他們捉來的奧羅墨戰士。而第一批將咖啡豆帶進哈拉城的，就是這些咀嚼咖啡豆的奧羅墨俘擄。即使現在，衣索匹亞巡邏隊員仍敘說著古老道路的樹木，就是當時被俘擄戰士吐出咖啡籽而長出的咖啡樹。

最重要的是，這兩地區生產的咖啡豆不相同。較低海拔的柯法咖啡豆生長在廣大樹林裡，外型像短胖的羅巴斯塔豆。羅巴斯塔豆可能早在幾千年前，就產於薩伊王國的森林裡；哈拉的咖啡豆呈長條狀，有阿拉伯咖啡豆的美味。也許為了適應哈拉的高原地形，它們自然產生神奇變化，但沒有人可以確定到底是什麼變化，但我們應該慶幸，被帶到葉門之後又散播到全世界的咖啡豆，是進化後的阿拉伯咖啡豆。

---

2. 有些人說 coffee 源自 kefa，也有人認為是阿拉伯字 qahwa（q-h-w-y），意思是「對某些東西厭惡」，原意是指酒。但衣索匹亞的咖啡沒有類似 coffee 發音，他們稱 buna，就是豆子。

韓波為何會為了咖啡豆而冒生命危險，甚至犧牲性命，就不難理解了。另外值得一提的是，韓波這位詩人兼商人，並不很喜愛咖啡。在某一封信中，他曾形容咖啡味道是「恐怖」、「低劣」，令人「噁心」的東西。或許是他長年飲用苦艾酒造成味覺遲鈍了也說不定，或許是當地人賣咖啡豆時常會沾到山羊糞便，也可能是因素之一。

我喝了幾杯濃烈咖啡後找一家旅館訂好房間，然後出發尋找韓波的豪宅。哈拉城的人口約兩萬人，曲折小徑排列著傾斜的清真寺和小土屋，城裡沒有路標，但韓波的住宅是城裡最容易找到的房子，因為只要外地人來到這裡，便很容易被當地「導遊」坑一大筆錢。我不打算找人帶路找這棟豪宅。首先，我選一條最隱密的小路，在沒被人發現的情況下來到韓波居住的地區，但卻是死胡同。

我看不到人影，於是小心的喊一聲。

「這邊！」突然傳來熟悉的聲音。

我從牆壁窟窿伸出頭，看到那個藍波迷男子蹲在小石堆上。

「啊哈！」他叫嚷：「你終於來了！」

他就在一棟我看過最奇特的房子前，跟其他哈拉城內的一層樓高小土屋比起來顯得很特別。它是一棟三層高的房屋，有兩個西式的尖形屋頂，上面雕刻精美圖案。屋瓦裝飾著鳶尾花，玻璃窗則為鮮豔紅色玻璃，看起來就像格林童話的房子。令人奇怪的是，這棟樓房卻被另一座十二呎的土牆圍繞著，中間沒有開口，只有剛才我爬進來的牆壁窟窿。

那男子驚訝地看著我：「你沒有導遊？」

「導遊？我要導遊做什麼？」

「沒關係。」他取出一張黃色紙在我面前揮動，向我索取十貝拉。

「這是什麼？」我問他。

「是票。」

「票？是真的嗎？」

「你看看！」他似乎受到侮辱。那張紙寫著「票——韓波——十貝拉」。「你看，這是真的韓波豪宅。是政府的，而不像其他的。」

「你的意思是說，還有其他韓波豪宅？」

「沒有。只有這麼一個。」

於是我付了錢，他帶我爬上狹窄的室內樓梯，進入一個非常寬廣的大廳，約有三千平方呎。這個大廳約五十呎高，圍繞著大廳的是一座古老橢圓形露台。牆上裝飾手繪的圖畫，但已經又老又舊，幾乎看不清圖畫中的巴黎庭園與徽章。空氣瀰漫著灰塵，大廳裡一組家具也沒有。

這位偉大的詩人晚年就住在這個超豪華的別墅，除了他最喜歡的男侍，別無他人。他不再寫詩，信中充滿抱怨，包括孤獨、疾病，以及錢財的問題，還提到他曾經將槍枝與奴隸獻給衣索匹亞國王卻失敗的經驗。他從非洲回來時，沒有如自己預言的「鋼鐵般堅硬肢體……凶惡眼睛。」而是一身病痛，窮困潦倒的回到法國。他的左腿遭截肢，不久就死於不知名的傳染病。

韓波在哈拉的住所。圖片為外觀一景（上）與內部景象（下）。

我隨處走走，從露台往下看，摸摸牆壁。我想這個地方應該沒人住，卻發現身穿破衣的小男孩跟在後頭，直到我開口說話，他才快速溜走。此時，殘破的牆邊傳來鴿子在巢中的叫聲。

我正要離開時，藍波男突然問我是否要見韓波的子孫。

「他有個女兒，」他說：「是韓波的女兒。」

「韓波有孩子？」我問。

「有，他有很多女兒。個個都非常漂亮……而且很年輕。」他問我：「你不想要韓波的女兒嗎？」

跟亞瑟‧韓波的混血女人上床，一定是個精采故事。她一定很美麗，如同這裡的女人，而且會很驕傲自大，因為她是衣索匹亞與法國的混血。的確很誘人，可是韓波不就是得了哈拉的淋病而過世？我當場謝絕了。

「不要在市場烘培你的咖啡豆（不要把秘密告訴陌生人）。」

——奧羅墨流浪者諺語

我在尋找土狼族人（Hyena Man）時認識阿貝拉‧鐵雄（Abera Teshone）。土狼族人時常拿吃剩的食物，餵食每晚聚集在哈拉城外的土狼，這種做法起初是為了防止凶猛野獸跑進城攻擊人，今天這個習俗反而變成很有吸引力的觀光據點。當然，看那些穿著破舊衣服的人把吃剩食物丟給土狼搶食的風景，還是比不過迪士尼樂園。阿貝拉是左腿殘廢的年輕人，他是帶我去看土狼的導遊，我們一起喝啤酒時，他問我為什麼到哈拉。

「很少人會來這裡觀光。」他說。

「我知道。我是為了研究咖啡起源而來。」突然我想到一個問題：「你不是說，你以前是讀農業的學生？你對咖啡來源了解多少？」

他反問我：「你知道卡帝（Kaldi）與跳舞山羊的故事嗎？」

「當然知道！」我回答。

這是關於咖啡的小小傳說。故事是這樣的：有一天，一個叫卡帝的衣索匹亞牧羊人，看到他最好的一隻羊突然瘋了似的亂跳，好像是吃了某種植物果實才這樣的。卡帝也嚐那個果實，不久也開始不停跳啊跳。這時一位傳教士經過，問卡帝為何和山羊跳舞？卡帝解釋後，傳教士也摘了果實回去，吃了就無法入眠。這位傳教士經常要通宵做禮拜，他的學徒因此常昏昏欲睡，所以他命令所有學

卡帝和他的跳舞山羊。

徒與回教托缽僧（dervish），外出傳道前要咀嚼咖啡豆保持清醒。果然，這些托缽僧的睡意消失了，而這位傳教士也被公認傳教最精采，而且是最有智慧的傳教士。

我在城市長大，所以很疑惑的問阿貝拉，山羊吃果實不是很奇怪嗎？牠們比較喜歡吃草或葉子吧？

「或許吧，」他說：「可是鄉民還是這樣做。」

「用咖啡葉做咖啡？」

「是的。他們稱這種飲料卡帝（kati）。」

「真的？我很想試試，或許在咖啡館就有！」

「喔，不！」他笑著說：「這種煮法在咖啡館是喝不到的，而且在哈拉已經沒人這樣煮咖啡了。你得去拜訪奧加登（Ogaden）人才喝得到，他們現在還是這樣喝咖啡。」

「他們住在哪？」

「奧加登人？他們現在住在吉加・吉加（Jiga-Jiga）。」他表情不悅的說著：「可是你不能去，那裡非常危險，因為索馬利人和奧加登人都很自大，他們非常惡霸！」

「怎麼了？有什麼問題嗎？」

「反正他們很惡霸就是了！」阿貝拉生氣的搖搖頭，「前一陣子他們還對一輛巴士做了很不好的事。他們對車上的人都很不好。」

「很不好？有多麼不好？」

「非常非常不好。他們殺了那些人。」

「哦！的確很不好。」我同意他的看法。

依據阿貝拉的說法，奧加登的匪徒將前往吉加・吉加的巴士攔

下來，然後把車上的人都拖下車，命令每個乘客背誦《可蘭經》經文，背不出來就槍斃。奧加登人是游牧民族，因為索馬利政府瓦解，有幾千名奧加登人被驅逐到難民區。其中最大的難民區就位於吉加‧吉加附近，就在衣索匹亞和索馬利亞邊境，因此到處有游擊隊出沒。最近又因為摩加迪蘇（Mogadishu）危機事件，使奧加登人對美國人更加反感，被殺害的美軍屍體被拖到街上遊行。情況非常危急，連救援組織也不再派遣白人到吉加‧吉加，以免造成犧牲。

「外國人到那裡很是不好的！」他說：「你為什麼想要去那裡呢？」

「我只想去喝杯咖啡。」我問：「你到過那裡嗎？」

「那裡像地獄。」他低頭往下看，接著說：「我極力勸你不要去。」

我的第二杯咖啡

從哈拉城搭車到吉加‧吉加的兩小時路程還算平靜，在穿越稱為奇觀峽谷的路途中，我看不出這河谷有什麼特別。我們在早上五點多就出發，因為阿貝拉警告我，開車的司機在下午兩點以前一定要離開吉加‧吉加，否則途中恐怕會遇上搶匪。他建議我最好早一點去，而且在中午以前回到哈拉，除非我想在那邊過夜。可是如果我在那裡過夜，那麼我借宿的旅館很有可能會有攜槍的歹徒來搶劫。當然，也要看哪一家旅館會笨到讓我去借宿。他是不是會顧慮

那麼多呢？也許會吧。不管怎樣，這天早晨天氣非常清涼朗爽。可是當我們到了沙漠的邊界時，天氣已經熱到讓其他乘客忍不住移動衣服底下的槍。

「人類的頭一旦被擊掉，是不可能像玫瑰花那樣再長出來的。」這句話是當年理察・伯頓爵士於1854年提出要探訪吉加・吉加時，一位英國軍官講出來的。此時這句話一直浮現在我腦海。伯頓當時的狀況與我現在的處境好像類似的有點可怕。我們兩人都是在尋找非洲中部的「神秘之泉」，而我的神秘液體還包括咖啡豆；除了這個之外，我們幾乎可以說是在尋找同樣的東西。伯頓還想尋找尼羅河的源頭，我則是只想知道它某一部份的去向。伯頓最慘的是被一支索馬利的箭穿過面頰，我希望我們的相同點最多也僅此為止。

吉加・吉加是一個灰塵滿天的地方，整座城鎮到處都是貝殼灰製成的土塊蓋的小房子。當我看見門口外放一盤碎玻璃的小房子時，我便把頭伸進房裡打探一下。

「卡帝？」我用阿姆哈拉語和阿拉伯語問道：「你們有卡帝嗎？」

一位女士指著我破舊的軟呢草帽，咯咯的笑了起來，不發一語；後來我又試了另一家咖啡廳，那家咖啡廳的老闆也把我趕出去，接下來的好幾家也都如此。每當我上街，便會看到一具六呎高的骷髏，以一種既不祥又不屑的樣子看著我。在這城鎮裡，幾乎每一個男子都配有槍枝，女人則頭戴五顏六色的頭巾。我猜他們應該就是奧加登人。

突然，有一位削瘦的老太婆對我招手，叫我進去她的屋內。

我看見她的脖子上刺著一排基督十字架。她開始對我說我聽不懂的話，看起來似乎很害怕的樣子。我做了吸食飲料的動作，然後再問她是否有卡帝。

「卡帝？」她問完便指向一袋裝著髒葉片的袋子。她也模仿我喝東西的動作，「卡帝？」

「是的！」我從袋中取出一片葉子嗅一下，心想，難道就是這個？傳說中牧羊人卡帝在阿比西尼亞（Abyssinian）發現的，是咖啡的老祖宗？老太婆比了手勢叫我坐在屋內的角落，接著便轉身準備咖啡。只是這屋子的角落根本沒有地方可以坐，事實上，除了那包葉子之外，屋子裡可說什麼都沒有。這真的是一間咖啡館嗎？沒有杯子，也沒有椅子……而且她到底要在哪裡煮呢？我又如何知道那些是否真的是咖啡葉呢？

老太婆終於停下來，以懷疑的眼光盯著我。

「卡帝？」我再次問她。

「噢！」她發出肯定的聲音。

好吧，她看起來也算蠻誠實的。我就在泥地上蹲下來，等她煮咖啡。可是如果她對我下藥的話，那該怎麼辦呢？此時，突然有人敲門，接著有個身穿軍服的男子走進屋內。他要求看我的護照，並問我為什麼會在吉加·吉加。

「我是為咖啡而來，」我覺得我的藉口很笨拙，「我聽說要到這裡才喝得到」。

軍人也對老太婆問了話。老太婆搖搖袋中的葉子。

「你是一個非常愚蠢的白人。」他生氣的對我說：「這裡是禁

區，很危險的！請跟我走。」

「可是……她正要煮咖啡……」我知道我的請求沒有用，「軍官先生，」我故意說：「我能先請您喝一杯茶嗎？」

「茶？」他問。

「不，不。我指的是卡帝。」

我要開始解釋時，他卻打斷我的話。「不行，你一定得離開，這個區域現在是軍事管轄區。」

當他把我送去搭下一班前往哈拉的車時，我突然回想有一次，一些愛爾蘭朋友在紐約的哈林區被兩名紐約市警察趕出去。當他們抗議只是要跟朋友會面，其中一位警察一邊說：「別傻了，」一邊把我的朋友帶到最近的一個地下鐵車站送他們走，然後說：「你們在這裡是不可能有朋友的。」

因為德國總統要去拜訪吉加‧吉加，所以他們才會把你趕出來。阿貝拉向我解釋。

但他也有好消息。他曾跟他的女友提過我對卡帝有興趣。很巧的是，她的室友剛好會煮卡帝，於是就邀我過去喝一杯。

事實上，用咖啡葉煮成的咖啡飲料有兩種：第一種，也是兩者之間較普遍的，混合著烘培過的咖啡葉；另一種則像早期將新鮮的咖啡葉曬乾，然後再將它泡成咖啡飲料。我曾在一個市場與一位女士買材料時，她說她記得祖母以前都用第二種做法煮咖啡，現在幾乎已經絕跡，沒有人喝了。她有一包粗麻布袋裝的葉片，這種葉子寬寬的，上面呈現橙色與綠色相間的顏色。

上述兩種做法，都非常有可能為世界上最早的咖啡飲料。因為

很久以前，當衣索匹亞人開始吃咖啡豆的時候，咖啡應該是用這些葉子煮出來的；「Kafta」是這種飲料的阿拉伯名。有些學者認為咖啡是一種尼古丁植物「卡特葉」（qat）[3]煮來的；在十五世紀的時候，一位阿拉伯的神秘主義學家阿達巴尼（al-Dhabhani）曾見過衣索匹亞人使用「qahwa」，那是一種酷似咖啡的液體。到底當時的衣索匹亞人喝的是什麼呢？很有可能就是一種用葉子煮成的飲料，也就是傳說中的阿比西尼亞茶，而生鮮的咖啡豆阿夏地利（al-Shadhili）摩卡則是在這之後才被伊斯蘭教神秘主義派的蘇菲信徒帶進葉門南部。[4]

不管怎樣，卡帝確實是一杯美好的茶。準備的工夫很簡單：先將乾枯的葉子放在一個平底鍋，烘培至呈現深褐色且濃稠狀態，然後用水攪拌，放進一些糖和少許鹽，再以小火熬煮，大約煮十分鐘後便會呈現琥珀色液體。有點類似拉普山小種（lapsangsouchong，中國紅茶），是一種燻製的茶，有點焦糖燻製過的口味；但是味道比拉普山小種還要複雜，既甜又鹹，喝起來有果凍的口感。

這種乾枯的葉子與阿貝拉帶給我們咀嚼的葉子，攪和起來非常美味。那是咖啡的邪惡親戚，它一樣會使人上癮，南阿拉伯人和東非人都非常喜愛（過不久，西方社會也掀起一股熱潮）。這兩種可以使人上癮的東西，在歷史上一直相互有著錯綜複雜的緊密關係，

---

3. qat 也稱作 khat、gat、chat 或 miraa。新鮮的卡特葉有生物鹼 cathinone，在美國被列為一級管制，食用者直接咀嚼葉子、製成香菸吸食，或沖泡飲用。
4. 有學者認為，十四世紀中國的鄭和將茶葉介紹給阿拉伯人，後因中國鎖國，阿拉伯人只好以咖啡替代茶葉。

而被咖啡愛好者暱稱阿夏地利（al-Shadhili）摩卡，就被認為是卡特葉與咖啡兩種植物之父。卡特葉的吃法是將生鮮的葉子嚼一嚼，然後將嚼爛的葉子秫在嘴裡，吸吮它所有汁液。我第一次嘗試這個東西是在肯亞，當時我覺得並沒什麼特別。但是阿貝拉帶來的卡特葉味道卻很刺激，幾乎可以跟劣質的搖頭丸不相上下。搖頭丸給人產生的感覺是身體與心理的興奮，而在哈拉出產的卡特葉卻是最頂級的，它會使人產生類似大腦被催眠的新鮮快感，讓人頓時陷入精神恍惚的狀態，可以讓你的對話變成催眠的感官體驗。[5]

阿貝拉的家裡有個傳統式突起的高台，我們整個下午都待在那裡休息。他的幾位朋友也來坐坐。我們一邊咀嚼一邊喝著。就這樣，我們天南地北聊了一陣子，誰也不在乎到底聊些什麼，有沒有看懂對方的表情，或是了解彼此之間的想法。那一天實在很熱，可是阿貝拉家的泥土小屋卻很涼快，屋內也有許多舒適的坐墊。我們聊了洛・史都華（Rod Stewart），以及阿貝拉認為誰的髮型比較好看等等。之後，當我們很正經的聊到有關卡特葉的事時，剛好是所謂的「索羅門時辰」，話題馬上轉變為巫術。我提到衣索匹亞基督教副主祭曾說過，回教人是利用咖啡來詛咒人的。可是阿貝拉卻從來沒聽過這種事，但他說，在哈拉有些人會用咖啡從事神奇的醫療行為。[6]

「許多人來自大老遠的地方，就為了要得到這些人的治療。」阿

---

5. 有些緬甸人會咀嚼 leppet-so，這是醃製過的茶葉。
6. 衣索匹亞是基督教國家，而咖啡與回教國家關係密切，所以衣索匹亞曾經嚴禁咖啡。

貝拉說。

「你看過他們治療的過程嗎？」我問他。

「只有一次，」他又搖搖頭說：「我並不認同這些人。」

「到底發生什麼事？」我接著問：「你曾看過撒爾（Zar）嗎？」

「你知道撒爾的故事？」

「在阿迪斯阿貝巴時，有一位祭司曾告訴我。它是一個惡魔對吧？」

「不完全是，但撒爾可以附身在靈媒（sheykah）的身上。」他問了一個在聯合國某機構服務卻又不說英語的朋友。「是的，我的朋友說撒爾會附身於靈媒，而他也了解這些人。」

聽說，有一位頗有名氣的靈媒回到哈拉，他剛在衣索匹亞神聖的渥拉湖（Lake Wolla）完成四年修行。他現在正在哈拉，每個禮拜二、四都主持這種神奇療效的儀式，而今天剛好是星期二。

「你的朋友認識這些人？」

「認識幾個而已。」

我停頓一會兒。「外地人有可能參與治療儀式嗎？」

「你想去嗎？」阿貝拉有些驚訝，「我不知道耶……」

他又問了他朋友這個問題。「他說他不知道。沒有外地人會想去那種地方，但他可以幫忙問問看。」

我們花了一整個下午才找到靈媒住的地方，但那時他正在睡午覺。他下面的人跟我們說今天是假日，最好晚點再來，而且要記得帶禮物。

「禮物？」我問。

「是的，這是很正常的，表示尊敬。」

我們的計畫變成請阿貝拉去幫我們買禮物，我則先回到旅館。我們會在傍晚時分再度碰面。在這之前我得先付他一些錢買禮物。我心想這會不會是騙局，不過我還是給他錢。

「你要幫他們買什麼？」我給錢之前問了阿貝拉。

「青色的咖啡豆。」他回答：「每次都該給這個東西。兩公斤應該夠了。不要給他們其他東西！你是要去觀看的，而不是要去治療的。」

03

咖啡的祈禱

咖啡壺帶給我們平安，咖啡壺讓我們孩子成長，
讓我們財源滾滾，請驅逐所有邪惡，賜予我們甘露與綠草。
——奧羅墨族祈禱文

衣索匹亞‧哈拉（Harar）
→吉布提（Djibouti）

奧羅墨族的咖啡儀式

在哈拉，咖啡豆是權力的象徵，種植咖啡的族人被稱作哈拉西人（the Harash）。城裡的人會將哈拉西人禁足於城門之外，唯恐他們會失去種植咖啡的秘訣。非洲族長的頭號保鑣可以擁有一小片咖啡園，以展示他的地位。當然，原住民更是崇拜他們的咖啡壺，就如前面那段祈禱文。

我想我們都會感謝一大早起來喝的第一杯咖啡。這是一種默許的祈禱，一種當你精神還處於恍惚不清狀態下而作的禱告。或許也可以這樣唸：「噢！神奇的咖啡，請讓我熬過長途塞車之苦，讓我在擁擠地下鐵能保持心平氣和的心情，也請你原諒我的上司，就如同你原諒我一樣。阿門！」

加利族（Garri）與奧羅墨族的禱告就顯得稍微嚴肅。有些祭拜咖啡儀式叫做「bun-qalle」。這是慶祝與性有關的慶典，以及與死亡有關的儀式，他們會將咖啡豆裝入一隻用來祭拜神的肥牛。加利人認為剝咖啡豆代表屠殺，所以祭司會咬掉祭祀用的咖啡豆蒂頭，然後再以奶油煮過的咖啡豆請長者咀嚼，吃後代表他們的力量會增加，再唸祈禱文，然後將有咖啡香味的神聖奶油塗抹在參與者的額頭。接下來，將咖啡豆與甜牛奶攪拌在一起，大家一邊唸著禱告辭，一邊把它喝掉。

如果你對這個過程感到熟悉，那是正常的。有誰曾到公司參加會議，公司卻沒有提供咖啡服務呢？提供咖啡的用意不但是腦力催化劑，也像加利族人的禱告辭，可以使我們的財富增加。因此準備

商業會議，提供一壺咖啡是理所當然的。這樣看來，現代的商業辦公室也只不過是「部落」型態罷了，而 bun-qalle 儀式也像我們喝咖啡閒聊時的聚會，也就是我們所知最普遍的社交儀式。

奧羅墨勇士。

在這裡，bun-qalle 的儀式代表兩種意義，它使咖啡成為最早被世界公認可以用來提神，甚至具有如魔法般的神奇效果。第一種意義是，咖啡豆是煎過後才使用的，這種做法與柯法王國附近的奧羅墨族人，吃咖啡球的方式大不同。同樣住在位於哈拉以南的幾百公里的加利人，與奧羅墨族有很近的地緣關係，而且他們講的是同一種語言。第二種意義是，他們將烘培過的咖啡豆加入牛奶之後再飲用，這說明此種做法是在伊斯蘭教進入之前的事（公元六百年），因為伊斯蘭教的煉金師深信，將咖啡與牛奶混在一起飲用會導致瘋瘋病。（這種說法是為了排斥歐洲人，習慣將牛奶加入咖啡而產生的謊言。）

另外一點更能突顯這項儀式的古老，就是加利人將 bun-qalle 和天神連在一起。或許我們對神的名字感到陌生，但是祭拜天神的儀式應該是人類史上第一個宗教活動。至於他們是否在原始的祭拜天神儀式上食用咖啡豆，就不得而知。但我相信，加利人是最早品嚐咖啡豆的民族。通常，原始的人類發現可以使精神產生變化的藥

物時，都會把它拿來祭拜（今天視為濫用藥物的嗜好）。所以我們認為，加利人將食用咖啡豆這項儀式應用到祭拜天神的活動也不為過。

在西非奧羅墨族的文化裡，咖啡豆象徵女性的生殖器，因而產生另一種含有性象徵的bun-qalle儀式。完成儀式後，必須禁慾一個晚上。這些都是人類學家藍伯特・巴托（Lambert Bartel）蒐集資料、研究出的成果。奧羅墨族的長老甘瑪朱・瑪加沙（Gammachu Magarsa）曾經告訴巴托：「我們將咬開咖啡豆的動作，比擬為婚後第一次性交，因為丈夫必須撥開妻子的大腿，才能進入她的陰道。」

當咖啡豆的外殼被剝掉之後，將剝好的咖啡豆丟進奶油中，再用木棍攪拌。這根木棍是男性陽具的意思。有些人認為，一根死掉的木頭不會「傳授生命」或給予咖啡豆新生命，因此又將木棍換成一捆新鮮綠草。

攪拌咖啡豆時，還要朗誦另一個禱告辭，直到咖啡豆因加熱而爆開，產生嗒嘶嗒嘶聲音為止。爆開的咖啡豆象徵嬰兒出世，以及即將往生的人最後一口氣。此時，負責攪拌咖啡豆的人必須唸：

Ashama，我的咖啡，裂開吧！將平安帶給我們。
當你張開口時，請將所有邪惡的言語帶走，遠遠離開我們。

咖啡豆被吃掉時便會「死去」，可是它也會帶給那人新希望與新生命，這是奧羅墨族自古以來的傳統。吃完咖啡豆後，儀式便會

移向當天要討論的大事，也許是割禮、婚姻大事、土地糾紛，或是危險的旅途。

在bun-qalle儀式中，有一件事必須注意：咖啡豆是整顆加入牛奶裡，並沒有敲成碎片。如果想要讓咖啡的成份完全溶解出來，就必須先將咖啡豆磨成粉末，然後再加入飲用水或中性液體，這樣就可以使咖啡豆釋放所有魔力。而這種做法是留給比較黑暗，可怕的法術使用，例如魔咒，或是晚上從事驅邪儀式時使用。

「聽起來你應該是被騙了！」亞倫如此說。

亞倫是美國衛生專家，我是在等阿貝拉時認識他的。

「四十貝拉，那很多錢哩！希望你沒被騙。」他指的是我給阿貝拉買禮物的錢。

亞倫對衣索匹亞人的評價很低，就像其他官員一樣。他找到一些可以證明他論點的研究，根據他的研究報告，當衣索匹亞鬧飢荒時，因為得到太多外國支援，致使衣索匹亞人向外國人乞討的習慣成為家常便飯。依據亞倫的說法，乞討對於這些人來說，可以說跟呼吸一樣自然。不管是真是假，我不能否認衣索匹亞的郊區到處充滿只有在美國才碰得到的乞討方式，也就是很顯然並不急需用錢的人前來跟我搭訕，為的只是想騙取幾個貝拉。

「嗯，我想你不會再看到你的朋友了。」亞倫肯定的說：「不如你跟我到房間看看我買的籃子，一個只要七十美元。」

就在這時，阿貝拉準時出現，而且一切都安排妥當，我確定可以參與這次儀式。

「可是不要再給他們任何東西了。」他再次吩咐我：「這些已經夠了。記得不要喝他們在儀式中提供的飲料。」

唯一掃興的是阿貝拉不能去，因為他得為學校考試苦讀，但他有一位虔誠的天主教朋友答應帶我去。

「天主教朋友？他會來嗎？」我問。

「他已經答應我了。」阿貝拉的話聽起來並不是很肯定的樣子，「史都華，我得問你，你今晚會戴帽子去嗎？」

阿貝拉指的是我那頂又老又舊的草帽，之前在吉加·吉加被一位女士取笑的帽子。我想你也曾有過這種經驗，當你真的喜歡某件衣物時，你會有喜歡到愛不釋手的感覺，我對這頂帽子正是如此喜愛。

這是一頂澳洲款式的草帽，是我在美國一家連鎖大超商找到的。它陪著我經歷無數風雨，當我到衣索匹亞時，草帽破舊得必須以布料貼補才行。它不但破舊，而且還很髒。我不敢洗，因為怕放入水中會馬上溶解。儘管已經破舊不堪，但我還是很喜歡它。我在每個國家遇到的人，都會對我的帽子有不同且特別的反應，尼泊爾人就曾幽默的出高價要把它買下，印度人也笑笑的讚揚它的獨特價值，衣索匹亞人則認為它是不衛生。

「你不能戴那頂帽子，」阿貝拉說：「至少今晚你不能戴，因為那會顯得你不夠尊重儀式。」他說著便拿出一條伊斯蘭絲巾，「你就用這個吧！來，我幫你綁上。」

「好吧。」我想他說的對，況且這條參雜白、藍、紅的花紋絲巾蠻好看的。阿貝拉用印度人的方式，幫我將絲巾圍繞在頭上。

「還不錯，」他說：「你這樣看起來還蠻像穆斯林人！」

「你要我喬裝進去的意思是？」

「或許吧！反正你要走哈拉的夜路，這點子應該不錯。」

我們又聊了一下，我邀他共進晚飯，他謝絕了；之後我又勸誘他允許我寄《柯夢波丹》雜誌給他，因為他正在為學校的校刊撰寫文章。他離開之後，我在旅館大廳坐下來等候。

時間一分一秒的過了，很快到了晚上八點、九點、十點，還是等不到人，旅館的警衛也正在準備他的睡袋，這時前門突然傳來敲門聲。沒錯！是阿貝拉的朋友。我向他道謝，感激他願意陪我去，我也問他儀式是否已經結束，畢竟我們大約遲到兩小時。他說不會有問題。儘管如此，我們還是快步走過哈拉的一條漆黑小巷。一路上，有許多蹲在路旁的男子向我們打招呼，還有一些羞怯的女性以微笑問候。

「他們以為你是穆斯林！」那朋友指著我的頭巾說。

當我們遠離市中心後，周遭變得異常安靜，我的朋友也隨之安靜下來。據說，這條哈拉的路上到處漂流以前各部族曾淪為奴隸的鬼魂。也有些人相信，曾經被認為是雌雄同體的土狼，身上附有以前因為窮困而必須割除陽具、賣身為僕的小男孩靈魂。根據十八世紀法國旅行家安東尼・阿布拉迪（Antoine Abladie）記載，土狼被認為是會攻擊、啃蝕撒爾靈魂的狼人。

撒爾儀式中的咖啡

當我們接近撒爾儀式的房子時，我聽到一陣歌聲，表示驅邪儀式已經開始了。那位朋友對我表示要保持安靜，然後我們溜進一間只有一盞小燈的狹窄房間。約有二十人蹲在門口附近，一條骯髒的白布從天花板垂掛下來，將整個房間一大半遮住。我們隱約看見白布裡靈媒的影子倚靠在一張寬大的床。白布前站著第一個病人，因為我們來遲了，不清楚那男子到底得了什麼病，但靈媒顯然已認出附在男子身上的靈體是什麼，且開始說服靈體：如果他奉獻三隻脖子上有特殊顏色羽毛的公雞，靈體便得離開男子的身體。

在房間裡，大家互相傳遞一杯淡色的液體，且低聲閒聊。我很慶幸自己沒被發現。很顯然，我喬裝得很成功，他們已經把我當成外國的穆斯林了。有些蹲在牆邊的人開始前後搖擺，重複唱起省略音母的奇怪旋律，也有人把香丟到火盆裡。

傳統的開幕儀式可能是犧牲一對鴿子，或服用大麻、飲用酒類飲料，但儀式當中一定少不了烘烤青色的咖啡豆，咀嚼完後再煮成湯汁。這便是所謂的「將盒子開啟」，以便釋放靈媒的力量，好讓他能與撒爾靈魂溝通。有人形容撒爾靈魂沒有腳趾，而且手上有洞；如果往洞裡看，便可以看到另一個世界。也有人說撒爾的靈魂有許多不同種族的美麗面孔，有阿拉伯人、白人或中國人。有些人認為撒爾（zar）這個字來自「jar」，也就是亞高部族（Agaw）的庫希迪克語（Cushitic Language）由天神所取的名字。[1]

衣索匹亞撒爾祭司通常來自渥托族（Wato）或渥拉族（Wallo），

與今晚祭司的訓練地渥拉湖同名，也是衣索匹亞最古老最神聖的地方。渥拉族號稱是奧羅墨人的後裔，有一個時期，他們的魔法強大到讓其他族人都望之卻步。直到最近他們還維持一種習俗，就是在特別厲害的法師墳上種植咖啡樹。奧羅墨人說：世界第一棵咖啡樹便是天神的眼淚，降落在一位法師的屍體上生長出來的。

雖然這是驅邪儀式，但事實是撒爾靈魂和靈媒的一種談判。只有靈媒可以接觸撒爾，在必要時，靈媒會跟撒爾協商一個比較合理的要求。在這裡，咖啡的角色與印地安人用於宗教儀式的「冠毛仙人掌」所含的迷幻藥一樣，有異曲同工的效果，這點因為卡羅斯・卡斯塔尼達（Carlos Castaneda）的《知識系統三部曲》（*Ways of Knowledge Trilogy*）一書而受到廣泛認識；而咖啡豆精靈的魔力有多大，還要看吃咖啡豆那人的體質與能力而定。

此時，一個女子站出來，在靈媒的影子前獻上更多禮物。她飽受頭疼折磨，這些嚴重症狀會維持好幾天。她一邊說，靈媒的影子也一邊顫抖。說完，女子就安靜站立不動，換她的男性親屬開始說話。從他所說的話可了解，女子受的苦不只是單純頭痛。

「是腦部問題。」阿貝拉的朋友悄悄對我說。

她常常發作，導致有暴力傾向、破壞家具。有一回她發作，還試圖咬掉母親的手指。她家人最後決定求助撒爾祭司。在場的人也都為她的不幸悲嘆。她的病情是典型的邪惡撒爾靈附身所為。撒爾比較會附身在女性身上，像騎馬一樣騎在她們身上，指使她們做出

---

1. 拉斯特法理派（Rastafarian）源自衣索匹亞，稱神為 Jah。

反常的動作，譬如以鐵棍自殘，可是傷口一到早晨都會神奇消失。

這時，女子突然撲倒在地吶喊，抱頭顫抖，像是遭到劇烈疼痛。靈媒盤問撒爾靈時，女子也跟著越來越痛苦。我的天主教朋友從頭到尾都難以置信的搖頭，表示對此感到無法認同。他們終於達成協議，也就是女子家人必須奉獻一頭牛給撒爾。接著，撒爾又提出不尋常要求，他要求女子必須剪掉頭髮，獨自帶著剪下的頭髮到有土狼的原野，將頭髮撒落在地。

這時有人拿一把剪刀過來。可是當他們剪女子頭髮時，她突然朝我們的方向指著，說不希望外國人目睹。看樣子我的打扮還是不夠好。

於是我們蹣跚走回旅館，一路上阿貝拉的朋友向我解釋。他對這種儀式有鄙視的看法。我對他說，在美國的電視上也曾有過類似的醫治者。

「他們也用咖啡？」他問。

「咖啡的確很受這些人重用，」我說：「但他們通常要求以信用卡付款。」

隔天我就聽說，那名女子前一晚撒在原野的頭髮，到了清晨都消失無影無蹤。

前往阿瑪卡

衣索匹亞人發現咖啡能引起幻覺後，與他們比鄰的國家便跟著愛上這些令人著迷的豆子。有記載說衣索匹亞北邊的埃及人，

是最早染上咖啡癮的。有些激進的學者更將埃及傳說中的忘憂藥（nepenthe）——特洛伊（Troy）王妃海倫為了減輕痛苦而服用的藥物——視為早期的咖啡。

哈拉咖啡最主要的轉運站是東邊的紅海，再以海運轉運到葉門的阿瑪卡港（Al-Makkha），也叫做摩卡港。第一世紀時，哈拉與阿瑪卡之間曾有大量交易，大多數的交易項目是駝鳥羽毛、犀牛角和烏龜殼……一些重要而值錢的東西；當然，奴隸也是其中一項。阿拉伯人是惡名昭彰的奴隸販賣者，他們會大張旗鼓收買奴隸制度的受害者，這些人被稱作「Zanj」。可是Zanj人很欣賞阿拉伯人，或者說，是喜歡阿拉伯的甜食。根據中古時期一位阿拉伯作者的說法，「Zanj人非常崇拜阿拉伯人，可以說崇拜到完全屈服於他人，還高喊『歡迎你們，來自棗子國的人們！』阿拉伯人會以甜美可口的棗子拐走Zanj人的孩子，以甜食誘導他們到阿拉伯。」

一千年前，這裡的奴隸需要花二十天從哈拉前往紅海沿岸。要賣到土耳其為奴僕的男孩，在

特洛伊王妃海倫。

路上已經被去勢了，有近一半奴隸在前往紅海的途中病死，而咖啡樹就會在他們走過的路途上生長出來。

現在我只花三天就到達紅海。我在哈拉城搭上一輛便車，到位於衣索匹亞唯一有鐵路車站的德雷達瓦城。我要搭的那班火車遲了一天才來，但還是很值得。這列火車有二十世紀淺藍色的法式車廂，頭等艙的座位是老式的摺疊椅，椅子的布套舊到只剩骯髒的碎布條。因為機器老舊，這趟原本十二小時的旅程延長至兩天。我之前曾在印度待過，對於這種時間延誤也就見怪不怪。通常在這時，我會閉上眼裝死（或說，我希望自己真的死了）。

終於到了終點站，也就是吉布提（Djibouti）的港口。有一位十三世紀的伊斯蘭朝聖者伊本・巴土塔（Ibn Battuta）曾如此形容吉布提城：「是世界最骯髒、最不友善，且是最臭的城市。」吉布提人喜愛吃駱駝肉。從現在的認知來說，吉布提也算是個國家，其實吉布提是到處有酒吧和妓院的法國軍事基地。我第一個停留地是一家咖啡廳，於是點了一杯冷飲來喝。

「你講英文嗎？」問我的是一個肚子大大的、穿著格子裙的男子，他坐在隔壁桌。

「是的。」我說。

他研究了我的帽子，然後問道：「喔，美國人！太好了！我會說十二種語言。」他繼續說：「我到過全世界的港口，像開羅港、亞歷山大港、維納斯港、紐約港、雅典、雪梨、香港……」他不停的說。原來他是個退休水手。

「現在我終於回到吉布提港。你喜歡這裡嗎？」我揚起眉毛表

示喜歡。

「你為什麼會來這裡？」他問。

我表示要找一艘船到阿瑪卡。

「阿瑪卡？你為什麼想去那裡？」他驚訝的看著我。

「為了咖啡！」

「你要去葉門喝咖啡？」他將我的話翻譯給其他人聽，接著便是哄堂大笑。「朋友，今天沒有船會去阿瑪卡。」

他向我解釋，昨天鄂利特里亞（Eritrea）侵略葉門位於兩國間的小島。現在紅海到處是兩方的軍隊，聽說葉門的飛機與軍艦已經開始轟炸可疑船隻。

「但你很幸運，我一位朋友的船今天正好要離開吉布提港。有些人已經等兩星期，他們並不擔心被炸，都急著要去阿瑪卡。如果你想去，就快一點！」

他朋友的船大約三十呎長，看得出之前是以鮮豔色彩漆成，但現在已經變成灰色了。船上除了船尾有個像茅舍的簡便小屋、一根最基本的枙桿（上面沒有帆布），其他空無一物。沒有收音機、沒有電燈，也沒有任何緊急醫療箱或急救設備，廁所則是一個懸在海上的木箱子。這艘船連甲板都沒有，只是一塊綠色的大帆布蓋在一堆箱子上面。船上坐著十五位索馬利難民。

雖然不像樣，不過這艘船還是可以航行。我與阿布都・哈格船長迅速談好價錢（三十美元），我跳上船，五分鐘後我們便出發。這時是太陽下山的時候，天空充滿金黃色的夕陽餘暉，大海則變成深紫色。我心想，明天就要到葉門了。當我們接近港口時，船隻慢

下來，接著只有濺水的聲音，因為船隻引擎已經關掉。

「今天風太強了，」在我旁邊的一位十四歲索馬利男孩說：「我們明天才能啟程。」

他的名字是穆罕默德，和他的姐姐阿莉一起被送往葉門親戚家，可能要住到戰爭結束。他長得秀氣，纖細身材、溫柔大眼，還有性感的厚嘴唇，如果他穿女裝，我會誤認他是女孩。他問我，美國也有軍閥？「喔！當然有！」我回答，每個大城市都會有一個軍閥。他和阿莉有些驚訝。他們又問：「美國那些軍閥會有坦克和槍枝嗎？」我回答：「坦克沒有那麼多，但是槍枝可多哩！」我認真的說，美國許多地區跟摩加迪蘇（Mogadishu）並沒兩樣。

我們聊了幾分鐘，不太會講英文的穆罕默德（但比其他索馬利人講得還要好）給我一個禮物。

「這個給你，」他將一疊索馬利紙鈔放進我手裡。「拿去！」

但我拒絕了。索馬利難民不應該給美國旅客錢，應該是反過來才對。我也沒打算給他們美元答謝。

「不！不！不！」我說：「你不用給我錢。」

「要，一定要！」他又把錢塞回我的手裡。

「拿去！」

「這些鈔票的確很漂亮！」我說。這些紙鈔差不多值一千五百多索馬利先令。「我不能拿，你瘋了！」

另一個英文比較好的衣索匹亞人插嘴，現在索馬利政府已經不存在了，這些紙鈔已經不值錢了。我才勉強收下那些漂亮紙鈔。穆罕默德對我知道紙鈔不值錢後才肯接受他的禮物，感到非常訝異。

阿莉也很煩惱，因為她到葉門後就必須戴面紗。她開玩笑似的將長袍圍到臉上。

　　「不好看，不好看！」她說：「我的國家不用戴面紗。」

　　她的臉蛋有美麗的阿拉伯與非洲的混血血統。她一直給我茶和餅乾，最後我也將我的阿拉伯／英文辭典給她。

　　大約凌晨兩點多，他們將珍藏的寶貝物品拿出來，是卡西歐電子琴。我為他們彈一曲莫札特奏鳴曲 A 調，但他們好像只對電子琴自動演奏比較有興趣。我聽著金屬般巴西輕爵士在微風中演奏，回想咖啡被送往葉門的時期，在那個時代，這兩個孩子絕對會被轉賣為奴。現在他們只不過是難民，從歷史的眼光來看，算不算是進步了？

04

葉門的古老咖啡港

旅程經過一處咖啡樹林，他宛如虔誠的教徒摘取咖啡果實補充身體養分，
他發現這種果實可以讓頭腦靈活、清醒，精神充足的完成傳教使命。
——阿丁・阿蓋茲（Najm al-Din al-Ghazzi，1570-1651）

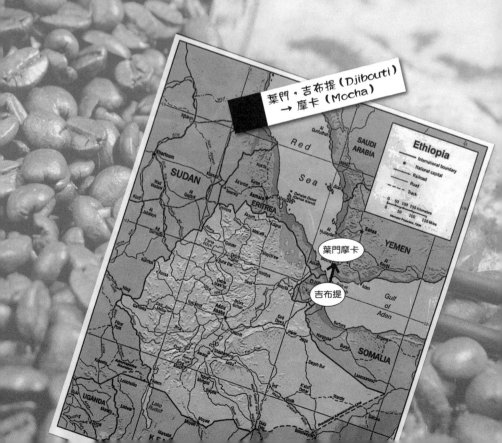

葉門，吉布提（Djibouti）→ 摩卡（Mocha）

航向摩卡港

早上，我從馬達引擎聲中驚醒。吉布提已經不見蹤影，從欄杆看過去，只瞧見藍綠色的海洋與一層又一層的白浪，天空像是一面碎掉的鏡子，看起來風暴好像還沒有結束。其他人將攜帶的物品全都移到船尾，我決定還是待在原來位置比較安全。

突然一個巨浪打過船頭，把我弄得全身溼淋淋。不久又是一個接一個浪花不斷打過來。當我要換位置時，發現甲板開始傾斜，約有二十度。這時卡希德號（Qasid）突然不再前進。只見船員努力將船艙的積水撈出去，試圖控制這艘船。大家忙著將箱子搬來搬去，但我認為問題在於沒有將貨物平均分散。此時有一艘釣魚船從我們船邊呼嘯而過，我發現那艘船高出我們許多，卡希德號行駛在那艘船下方約七呎地方，我感覺我們的船嚴重超載。

當我們又再度出發，又來一個巨浪朝船頭打下來，於是我們又再度靠岸，以便撈出船內積水。這種情形持續一整天，最後船員開始擔心海水會損壞貴重的貨物：酒和AK-47步槍。

酒是來自吉布提，而槍枝據說是因為在另一地賣不出去要退回葉門。這些武器和酒都很重，使船身下沉無法航行。

船員最後決定將船停靠小島，等強風過後再出發。在這裡我總是提到船員，而沒有提到船長，因為我到現在根本沒有看過船長阿布都到過甲板，所幸船上的三名少年和兩名老年人很順利的將輪船停靠在小島岸邊，船上的乘客紛紛將自己的衣物拿出來晾乾。風還是很強，強到可以把衣服吹得與地面呈九十度直角。我遐想，這裡

應該是紅海的洲際休息站，但其實是我們遇到船難被迫停泊在荒島上。不過我寧可保持樂觀，反正輪船還有一個引擎在運轉，我們應該可以抵達葉門。

可是其他乘客就沒這麼樂觀。譬如波里司，他是衣索匹亞人，一個卡特葉癮君子，習慣咀嚼這種葉子，若沒得嚼，他會害怕受到惡魔侵擾。波里司對於受困在一座沒有這種葉子的荒島上感到不安。

「事情不太妙喔！」他發著牢騷：「我們必須馬上離開！」

這艘船第一場爭鬥是由一個較年長的水手引起的，我叫他「沒齒的老人」，他和一位想偷他的卡特葉的乘客開打，其他人趕緊將他們拉開。當時「沒齒的老人」只是用拖鞋威脅年輕男子，但這已經是不好的預兆。當我看到「沒齒的老人」在一個石磨裡磨著一種綠色煮爛的食物時，我就開始對他另眼相看。之後我才知道，原來那是他寶貴的葉子。因為他沒有牙齒，所以必須先以這種方式咀嚼，讓汁液流出來。

還有另外一位成員，年約十六歲的卷髮男孩，我經常發現他盯著我看。他看起來一副老實樣，行動卻像猴子，也許他一直在船上過日子，習慣搖晃的感覺。我與其他人聊天時提到美國，那個男孩正坐在我上面一個板條箱上，一副困惑表情指向阿瑪卡。

「他是從阿美卡（al-Merica）來的嗎？」他問其他人：「那是在阿瑪卡附近嗎？」

其他人聽了哄堂大笑，波里司笑得最大聲，他笑著說：「他連美國都不知道是什麼東西呀！」

「那也是一個小島嗎？」男孩問。

我指向西北方向：「在那邊！」

他回應：「在厄立特里亞（Eritrea）旁邊呀？」

其他人又笑了。

「不，不！它在很遙遠的地方。如果你去那裡，會先到厄立特里亞，接下來是衣索匹亞，然後經過非洲和土耳其，再來是歐洲，接著還有一個地方叫英國，最後是一片海洋，那是一片很大的汪洋大海，在大海之後就是美國。」我解釋後，其他人也幫我向他翻譯。

男孩用不可思議的眼光看著我，似乎搞不懂怎麼會有那麼遙遠的地方。

「其實也沒那麼遠啦！」我笨拙的說。

他看起來更加不解，眼睛突然現出不悅的表情，但其他人還在取笑他。我想他一定以為我是在騙他，害他成為大家的笑柄。他帶著又氣又不解的表情走開了。我突然想到，其實他是對的，這個旅程實在太遙遠了。如果可以選擇，有誰願意離開家鄉那麼遠呢？

這個男孩從小就住在這裡，或許一輩子都會住在這艘船上。這艘船、阿瑪卡，這裡的沙灘、大洋、海風，還有等待，這一切都是他生活的一部份。有一天他會像那個「沒齒的老人」一樣坐在柵桿旁邊，或是偷倉庫裡的橘子醬餅乾，而且會比實際年齡看起來還要蒼老。

之後我對男孩微笑，他便馬上走開。他跟其他人一樣，只稱我是那個美國人，一整個下午我只好一個人坐著。

我們前往葉門的阿瑪卡港口，這裡至今仍是世界最孤立的地區。但當咖啡經由被俘虜的非洲人帶進葉門之後，至少在西方人眼裡，阿瑪卡就變成相當傳奇的地方。在第一世紀的希臘，有一位作家曾經形容阿瑪卡「是一個連經過都覺得很不健康的地方。」又說「那裡是一個吃魚的族群，會將遇到海難的人擄為奴隸。」當時的希臘人還相信阿拉伯人會吃大蜥蜴，從大蜥蜴體內取出肥油加以運用。他們甚至相信，有許多帶有恐怖病菌的飛龍幫他們守護阿拉伯海域。

　　有許多傳說，阿拉伯人為了保護生產「沒藥」（myrrh）[1]的田地而散播謠言，因為這塊地對阿拉伯帝國的交易實在太重要了。阿曼（Oman）的水手當時早已開始運送來自印度的靛青染料、鑽石與藍寶石，他們會從穆札阿瑪卡（Muza al-Makkha）帶來當地運用特殊技巧製作的武器到非洲交易，以取得當地原住民的善意。然後再從非洲帶回麝香、原住民的面具、龜甲與犀牛角。

　　當然還有來自其他地方的奴隸，部份奴隸把咖啡帶進阿拉伯，不知道數量有多少，但Zanj的奴隸早在第一世紀就已經出現在中國。在1474年時，就有大約八千名非洲奴隸在東印度孟加拉工作，當時曾超過當地人的數量。大約在1800年時，這種販賣奴隸的交易達到高峰，當時阿曼王國的黑人辦事處將葡萄牙人趕出去，

---

1. 沒藥，是從鳳仙花（生長在西非乾燥地區的矮小多刺植物）裂縫中滲出的濃稠液體。索馬利亞人將樹皮劈開，以利汁液流出。黃白色油狀汁液乾後會變紅色，就是沒藥。沒藥是珍貴物質，曾與黃金和香同為三王朝聖時獻給嬰兒耶穌的禮物。在古代藥典中可以找到沒藥，和香膏混合後能潤澤肌膚與強化指甲。塗抹在局部，能消炎與癒合傷口。

並在桑給巴爾（Zanzibar）設立總部，那時的奴隸人口幾乎佔斯瓦希利（Swahili）東非沿岸總人口一半。

我們在船上的晚餐有米飯。我往漢尼斯群島（Hanish Islands）方向看過去，發現一閃一閃的火花閃耀，我問其他人是否戰鬥機在轟炸，他們說不是，不必擔心。除了波里司，全體人員都沉默下來。波里司可能因為沒有卡特葉可嚼而格外呱噪，不斷的對我說一切都會順利，又說風浪減弱了，還說我們很快就可以再出發。小島的山丘上出現小型風沙暴，看起來像是從天而降的銀色小絲緞。

「那是阿希強（Al-sichan），」他說。阿希強是衣索匹亞語小風暴的意思，代表有不祥的事情即將發生。

十三世紀左右葉門奴隸市場。

隔天風勢稍弱，於是我們繼續上路。到了黃昏，我們已看到陸地，再過幾個鐘頭便停泊在阿瑪卡港外。可是隔天早上，當我們準備開進船塢時，葉門海關卻不讓我們入境。原因是船上的乘客多為衣索匹亞人，他們沒有正式的身分文件。葉門海關命令我們在離開碼頭約十五碼外的區域停泊，不得入境，也不得離開。

就這樣，我們在碼頭與其他被遺棄的船隻一起漂泊三天三夜。在等待期間，大家的情緒都不穩定，打架的事件不斷發生，以前曾經建立起的友誼也因不安心情而破裂。那位索馬利男孩也變得悶悶不樂、鬱鬱寡歡。我問他有什麼心事，他只看著天上星星，喃喃的說：好美哦！

他說對了。白天時，阿瑪卡回教寺院上面的尖塔，忽隱忽現的置於漩渦狀風沙暴之間；到了夜間，我躺在船上一邊看星空，一邊跟著船隻旋轉。晚上較寒冷，我又沒有棉被，只能靠唱歌來保暖。「沒齒的老人」也喜歡聽我唱歌，當我唱歌時，他都會賞我一包小餅乾。他最喜歡的曲子是〈神祐孩子〉。

我開始回憶許多往事。一首聖誕曲子在風中響起，某段性幻想一再出現在我腦海中，有時真實到幾乎可以觸摸到對方的髮絲。我們漂泊海上的最後一晚，我發現鄰近一艘廢船似乎有動靜。那艘船的船身有一半沉在海裡，因此我以為船裡不會有人。可是那天晚上我看見船窗發出微微光芒，為了要看清楚，每當船被海浪帶到那艘船的旁邊時，我會以手肘撐著，伸頭往暗處裡面瞄。結果我看到確實有人在那艘破舊的船裡看麥可‧傑克森的錄影帶，可是還是不敢確定，也許是因為船隻在海上不停的晃動，還是眼鏡因為海風不停

吹襲而結上一層鹽巴，但我認為那晚確實看到麥可‧傑克森在海上走他那一段有名的「月球漫步」，就這樣走過來又走過去，走過來又走過去……

第三天我醒來，發現船隻正好靠上碼頭，岸邊的索馬利女人都戴上面紗。除了我，船上所有人都被帶上一部小貨車，我則被帶到另一個小木屋。小木屋的外面圍繞著許多站崗士兵，每個人都戴著格子花紋的阿拉伯頭巾，小木屋內則擺著一張桌子，前面坐著一位軍官。

「護照。」

我把護照交給那位軍官，他很生氣的將它翻開。

「你從哪來……」他頭也沒有抬起就問我。

「衣索匹亞。」

「護照上寫的是吉布提。到底是哪裡？」

「對，對！是吉布提沒錯。我忘了！」我說。

他哼一聲，說：「你忘了是吉布提。難道你也忘了有戰爭嗎？」

「戰爭？你是說葉門與厄立特里亞之間的戰爭嗎？我當然沒忘。」

「當然沒有？」他從椅子上往後躺，「很奇怪的是，你一個美國人會在這裡？你知道我為什麼會這麼說嗎？」

看樣子戰況不是很樂觀。葉門人被厄立特里亞人從漢尼斯島逼退，死了大約五十人，情況非常不樂觀。根據這位軍官的看法，整件事的起因是厄立特里亞將海床的石油採探權簽給一家美國石油公司，而海床位於漢尼斯島與厄立特里亞之間，厄立特里亞為了獲取

更多利益，因而攻打葉門。

　　現在，那位軍官面前竟然會有一個戴著奇怪草帽的美國人。在他們眼裡，我一定是中央情報局派來的間諜。

　　「你到了阿瑪卡。」他一邊點頭一邊對著我笑。

　　「你有看到我的簽證嗎？」我問他。

　　「哦！簽證？當然有。」他輕蔑的說，然後指著牆邊桌上的東西。那些是我來時隨身攜帶的物品，被他們放在桌上。「那是你的相機嗎？」

　　「是的。」

　　「你有照相嗎？」

　　我假裝很生氣的說：「當然沒有，我知道這裡是軍事基地！」

　　「啊！那你為什麼會來阿瑪卡？」

　　「為了咖啡。」我向他解釋。

　　「咖啡？在阿瑪卡？」

　　「是的。你應該知道阿夏地利（al-Shadhili）吧？」

　　「清真寺？」他翻開我的護照，然後說：「你不是穆斯林啊！」

　　「只有穆斯林可以進入清真寺。」

　　「我只是想看……看一看而已。」

　　「是嗎？你原先說你是為了咖啡而來，現在卻又說你是旅客。」他對我說的話不信任：「然後你又跟一群厄立特里亞的違法者來到葉門，身上還帶相機。」

　　他們打算以間諜罪名將我關起來。我想，也無所謂，只要有一張床和自來水就好了。觀察葉門政府的行政效率也是滿有趣的。他

會送一份報告，上面會有許多問題要問，之後又會送走報告。接著又是更多問題與答案，來來去去，但我們都很清楚，最終我還是會被釋放。

那位軍官一直觀察我。或許他已看到我腦子裡的這些想法，突然覺悟我根本不值得他花那麼多時間調查。他比了手勢。這手勢好像是葉門的特殊文化，只看到他將右手舉至耳朵旁，然後用大拇指、食指和中指向外撇一下，同時還翻白眼。接著他命令兩個拿著機關槍的士兵帶我出去。

「歡迎來到葉門，不要忘了你的護照。」他說著就把護照遞給我：「如果你真的是為咖啡而來，你已經晚了三百年。」

第一個用咖啡豆煮咖啡的人

一千多年前，阿瑪卡港與咖啡幾乎是連在一起的。非洲的咖啡豆最先就是被帶到這裡，阿瑪卡之後就改名摩卡（Mocha）而聞名於世。約在1200年，有一位伊斯蘭隱士阿夏地利，成功煮了第一杯摩卡咖啡。雖然衣索匹亞人早已在咀嚼咖啡豆，或是將咖啡葉煮成茶來喝，但是要說第一個將咖啡豆製成咖啡的人，非阿夏地利莫屬了。

一位回教僧侶曾經說：「我們透過很多人才獲得咖啡資源，第一位將咖啡介紹給我們的，還將它的用途教導我們並加以普及的，就是偉大的阿夏地利。」

關於阿夏地利發現咖啡煮法的故事，流傳許多版本，就像他

的名字有眾多寫法一樣。有個版本說,他在某晚拜神禱告後,走路回家途中發現的;另個版本說,他在野外修行時無意間發現咖啡的特殊效用。還有些人說,他曾經二十年只吃咖啡豆過活;更離譜的說法是,天使向阿夏地利透露,如果只吃咖啡豆,可以引導他至聖徒地位。但最有趣的版本應該是:我們的主角阿夏地利因為被誣陷和國王的女兒有一腿,而被驅逐至荒郊野外,他在野外靠咖啡豆生存,直到天使向他透露國王染了皮膚病,只需要一杯咖啡便可以治好,阿夏地利藉此將功贖罪。

有些歷史記載阿夏地利或他的教友曾拜訪衣索匹亞,觀察他們喝咖啡的習慣,因而將咖啡帶回葉門。之後又有些記載,葡萄牙人因為暈船而停靠在阿瑪卡港,葡萄牙水手身體染病又飢餓,眾人奄奄一息,直到阿夏地利告訴他們咖啡的神奇效力,葡萄牙水手試喝這神奇飲料後真的幾天內都痊癒了,而且可以立即上路。他們離開時,據說阿夏地利曾向他們大喊:「記住這神奇的飲料:阿瑪卡!」就這樣,改變歷史的摩卡咖啡傳到西方社會,從此聞名於世。

隨便這些傳說怎麼說,其實阿夏地利是泛神教的一個派別,也是地名。從1200到1500年間,一群有咖啡宗教經驗的阿夏地利回教托缽僧,走遍阿拉伯半島。這群人最遠還到過西班牙,接觸到一個由基督教與回教融合的宗教,叫做「阿夏地利亞」,至今仍然存在。阿夏地利亞與咖啡的關係非常密切且深遠,如果你去阿爾及利亞(Algeria),現在還可以點一杯阿夏地利咖啡。目前我們只知道,阿夏地利亞派中的一個教徒將咖啡傳播於世,也知道他們其中有位住在阿瑪卡,還知道他們喝的東西應該不怎麼美味,因為他們

還不懂得要先烘培咖啡豆。他們只用生鮮的咖啡豆、咖啡葉，以及小荳蔻煮成湯汁。確實有證據證實來自阿瑪卡的阿夏地利只是將咖啡葉煮成湯汁而已，後來另有一位來自亞丁（Aden）的神秘教徒傳播之後，才開始以咖啡豆代替咖啡葉。

這些微小的動作，啟動一個小小帝國。在1400年，當土耳其人征服葉門，摩卡（阿瑪卡）咖啡已經成為伊斯蘭國家人民普遍的飲料。到了1606年，歐洲開設第一家咖啡廳半世紀前，第一位來到阿瑪卡的英國商人曾經描述：港口裡超過三十五艘商船，全都在等著領取碼頭上堆積如山的咖啡貨品。以前的貨幣價值跟現在是顛倒過來的，一位英國商人形容阿瑪卡充滿「各式各樣的貨物買賣，可是他們賣給開羅商人的天價，幾乎超出我們的能力⋯⋯」沿岸是一座又一座咖啡城堡，王子坐在金絲綢緞製作而成的墊子，身邊有許多奴隸拿著扇子伺候，還有私人軍隊保護珍貴的咖啡，以免被無宗教信仰的擾亂份子竊取。

亞丁咖啡傳播圖。

到了這時期，過世已久的阿夏地利被封為咖啡的守護聖徒，他的墓碑則被放置於阿瑪卡的清真寺裡，成為伊斯蘭朝聖之旅的必經之地。

我被阿瑪卡政府扣留在港口時就已經看到那座尖塔，等我被釋放後就立即前往清真寺探個究竟。結果發現，原來現在的摩卡城是我所看過最骯髒、蒼蠅最多的地方。每個男子都穿著破爛的衣服，兩腳又油又黑，坐在一輛被禿鷹啃蝕殘破不堪的摩托車，大家聚集在當地所謂的「計程車幫」地盤。

城裡有幾間魚腥味很重的咖啡廳，還有一家旅館，每間房都擠了三十多人。我們在海上遇到的印度季風，也在這裡造成風暴。不到一分鐘，我被風沙與汗水覆蓋全身。細沙夾雜汗水在我衣服裡混在一起，形成一條小沙河，從我身上慢慢往下流。

我好不容易到達古城區時，突然想起以前在印度讀過一本書提到：「這座城市把自己展現得亮麗壯觀。城市裡有許多椰子樹與城堡……這種美景讓我們感到非常快樂。」[2] 那是三百年前寫的。我知道事隔多年或許會改變，可是當我站在摩卡城唯一道路尾端時，不敢相信眼前所見的一切。

一眼望去，是一片無窮無盡的沙漠，看到的都是殘破不堪的大宅。左邊是一道碎裂圍牆，那裡曾經是咖啡商人住過的城堡，看起來就像《天方夜譚》裡的建築物，充滿帶狀雕刻裝飾與陽台，窗戶

---

2. 這是作家珍‧拉羅科（Jean de La Roque）所寫《阿拉伯快樂之旅》（*Voyage to Arabia the Happy*）書中一段。

形狀類似洋蔥外型，後面則是一座設有砲台的小塔，我想以前一定是砲台上面的角落。這個廢墟延伸好幾公里，現在剩下的只有已經破碎不堪的圍牆。這些荒廢的住宅之間隔著許多小沙丘，後來我才發現，在這些小沙丘裡還埋著更多荒廢的建築。

唯一存在的生命跡象只有一位年老的男子，他蹲在一座倒塌的圍牆旁邊，只是他無視我的存在。

我向他問好，他只是繼續抽著水煙筒。我想他也許是聾子，於是我就往前站到他身旁，但他仍然沒反應。我曾看過許多人物，而這位老兄遠勝過他們之中任何人。他的破舊衣服沾滿油，像是剛從機械廠完工走出，他的頭巾也結一層厚泥沙與油汙。黝黑的皮膚使他看起來酷似木乃伊，臉上佈滿類似蜘蛛網的皺紋，又像是被太陽曬傷的感覺。流出的汗水在他覆蓋塵埃的臉上留下幾條痕跡，手上的水煙筒髒得跟它的主人相匹配。他的水煙筒有獨特設計：生鏽的煙筒插在一瓶已經破掉的水瓶裡，另一個沙丁魚錫罐頭則是代替煙斗底部。

我指著清真寺問：「這裡是阿夏地利嗎？」

只看他又抽一口菸，還是沒反應。於是我就走到清真寺附近，試探能否找到出入口。清真寺是由六座矮小圓頂屋組合而成，中間聳立一柱四十呎高白色寺院尖塔，上面刻有札比德（Zabid）[3]學派高雅的幾何形雕刻。我繞到另一邊，發現裝有黃銅手把的一道門，還沒敲門，一個老頭子就蹦跳出來，對我笑一下，然後又轉過身把

---

3. 札比德，阿瑪卡附近村莊，是代數創始地。

門鎖上。我還來不及反應，他就消失在風沙暴中。

我看一下清真寺，又看著廢墟，還有那位抽水煙筒的老人。突然我嗅到一股惡臭，猛然發現那股惡臭是來自我的身體，此時我才想到已經有一禮拜沒有洗澡了，現在又餓又累，額頭也劇烈疼痛。我決定馬上離開。

「再見了。」我對老人說。

老人目不轉睛的盯著正前方，依然抽著水煙筒。我往風沙暴走去，離開了阿瑪卡。

1900 年左右伊斯蘭國家的咖啡廳。咖啡與水煙筒是生活中不可或缺的聖品。

05

咖啡與卡特葉

回教祭司不滿清真寺空蕩蕩，
咖啡屋卻擠滿人。
　　　　——大仲馬（Alexandre Dumas）

葉門，薩那（Sana）

咖啡的邪惡姐妹

我搭車抵達葉門首都薩那（Sana）時，已經將近午夜十二點。我對於自己能存活下來感到非常慶幸。有一張小紙片被風吹到空曠廣場，上面印著「萬歲」。這時車子也停下來。

司機年幼的兒子問：「睡覺嗎？」他指著街上唯一亮著燈的一戶人家。

「是旅館嗎？」我問。男孩點點頭。

男孩的父親戴著格子狀的阿拉伯頭巾，他往我這邊靠過來，再次向我強調葉門確實是首屈一指的觀光點。「是的！」我說，然後把車資交給他。司機對我豎起大拇指，接著就在黑夜中喧囂的開走了。

我開始爬上旅館的樓梯。葉門真是最棒的地方？雖然我對司機表達強烈的認同，可是內心卻不是很肯定。事實上我對葉門一概不知，因為我在衣索匹亞找過的旅遊書已有九年沒更新了。那本書裡說葉門是伊斯蘭國家中國際關係最差的，當地人都是毒癮者，首都薩那則到處都是奇形怪狀的建築物。當我在樓梯間轉彎時，瞧見一個身穿灰色長袍的男孩從二樓往下盯著我看。那個男孩手中拿著一根蠟燭，另一手則拿著一捆樹枝。我們在談價錢時，男孩一直咀嚼樹枝上的嫩芽——卡特葉。男孩發現我看著那片葉子，便伸手給我一片，但我沒接受。他帶我經過長廊走到我的房間。房間還可以，我按一下開關試試，可是沒有電源。

「燈？」我指著天花板。

男孩敞開雙臂望著天空說：「Bismallah。」

我知道那句話的意思，就是：「但願阿拉許可。」真是的！等我把男孩打發走之後，我坐下來回顧這一天的經過：算是很不錯的開始！離開阿夏地利的墓地之後，我在阿瑪卡的主要道路上找到正等著要離開的一輛旅行車。當時車內已有十一人，還剩下一個位子。

「我們走！」司機用英語大喊，我也在後座坐下，可是他接著說：「把那些山羊帶過來。跟這個美國人放在一起。」

我瞪大眼睛一看，哇！有六隻山羊！司機大笑一聲，然後把車門關上。

「哈哈！」他大聲嚷著：「開玩笑的啦！」

很不幸，他估計六小時車程也是錯誤的。整趟路程共花十二多小時。一路上我目睹葉門最重要的社交禮儀：卡特葉的使用過程。

「這是發生在葉門最不幸的事情，」一位叫做葛拉爾的乘客對我說：「比英國還慘。」

「比英國還慘？真叫人難以置信。」我回答。

我先前已經從衣索匹亞獲得資訊，可是現在聽曾住過歐洲和麥加的葛拉爾說，有太多葉門人沉溺於嚼食卡特葉而導致全國經濟衰退，因此卡特葉有可能遭到政府禁止，雖然葉門本身是出產這種葉子的國家。

「葉門人是從下午才開始咀嚼卡特葉。人們在午飯後咀嚼一小時後才會回去工作，之後一小時會延長為三小時。當你咀嚼一下午的卡特葉之後，就不會想回到工作崗位，尤其是政府官員。也有人

因為前一天都在嚼食卡特葉，把精神與體力都耗損光了，根本就不想工作，一心只想嚼卡特葉。每天早上十點，他們會趕去市場確保可以買到最頂級的卡特葉，買後開始嚼，如此一天下來當然一事無成。」

我們的車子經過雄偉群山之間，以及山崖頂端的村莊和城堡。在葉門南端的泰茲（Taiz）和伊布（Ibb）交接的奈斯穆萊得山（Nasmurade，今名Nakil Sumara），傳說八百多年前，咖啡最初就是種植在此地，所以這座山又叫做咖啡山，當時的咖啡就是產自此地。葉門人曾告訴歐洲人，咖啡只能生存在奈斯穆萊得山，根據英國旅人約翰·喬登（John Jourdain）於1616年記載：「這是阿拉伯境內海拔最高的山脈，山頂上設有兩座堡壘，以便維護他們最珍貴的咖啡可以安全運往開羅。」

不過現在已不再如此。放眼望去，到處是成群的山脈，有些山脈已經座落在那裡非常久遠，甚至是在耶穌基督降臨前就有。此時此刻的山上除了卡特葉，什麼也沒長。這個悠久的過程顯示咖啡豆和卡特葉這兩種物品的長久關係。事實上，有些人認為阿夏地利提煉出的咖啡，就是卡特葉煮成的茶；另外由一位神秘教倡導人傳播的則是以咖啡豆代替，因為他居住的亞丁鎮並沒有生產卡特葉。這兩種物品都是興奮劑，但經常被視為咖啡的邪惡姐妹卡特葉，也是一種麻醉劑。因為它的特殊性質，世界衛生組織列出的七類毒品中，它就獨佔一項。美國政府將它與海洛因歸類具有相同危險的毒品。

靠近伊布（Ibb）地區，被公認是葉門生產卡特葉最好的地

區，品質僅次於哈拉城的葉子。在馬路上，隨處可以看到抱著一堆卡特葉的小男孩。我們的司機每見到一個就停下來向他們購買。葛拉爾為我指出各種卡特葉，有一種咀嚼時會像可怕爬蟲在皮膚上爬行的感覺，還有一種是以香蕉葉包住一堆嫩葉；此外，據說生長在墳墓上的，會使人產生幻覺。

葛拉爾曾在杜拜城當過銀行員，他向我說，我們的司機今天大約賺進一千兩百元葉門幣，可是他至少花八百元購買卡特葉。他還說，許多人每個月賺錢有三分之一都花在這上面。我發現每個村莊的市場都有賣卡特葉的攤位，而且攤位面積大約是其他攤位的兩倍。

「噢，對了，真正有權有勢的人，他們會自己種植卡特樹，因為只有這樣才能確保卡特葉的新鮮。」葛拉爾說。

到了傍晚，除了我和一個正在歌誦《可蘭經》的蘇丹人，車上其他人都早已沉醉在咀嚼卡特葉的夢境中，就連一開始就把卡特葉批評得一文不值的葛拉爾也是。我問他，既然他認為卡特葉不好，為何還要嚼呢？他的解釋是，因為他打算搬回葉門居住，他說：「我不希望其他人把我當成怪人。」

還好已經結束了，我一邊想一邊爬進被窩。這家旅館的床墊出奇舒服。吹熄蠟燭後我又想到，就算葉門到處是卡特葉的癮君子，葉門首都薩那是不是咖啡豆供應量多於卡特葉？我閉上眼，唸出我唯一知道的一句阿拉伯語，意思是「豆之酒」。

隔天一早，我跑到薩那的市場蘇克（suq），也就是阿拉伯的購物中心。薩那有全世界最古老的東西，包括中古時期小巷子裡到

處販賣的蜜棗（還記得「歡迎，來自棗子國的人們！」）、葡萄乾、沒藥、香火、備用胎、槍枝、錢幣兌換、韓國服飾、古龍水、鞋帶、男性刮鬍水、伊斯蘭唸珠、水煙筒，以及利用老舊鐵罐做成的茶壺。當地人有句話說：買到你受不了為止。當然市場裡也有賣咖啡，咖啡色與白色的麻布袋裡都裝滿咖啡豆。

但是我所經過的每個咖啡攤子都說：喝咖啡？現在是不可能的。他們都叫我隔天再來。心想，在葉門市場怎麼會那麼難喝到一杯咖啡呢？難道是我的發音不標準？於是我開始以不同的發音對著自己練習，這該死的東西到底有幾種唸法呢？

薩那城像是小孩在黃金地上堆成的沙堡城市。狀似迷宮的道路，根本看不到車輛，七層樓高的大型建築竟是用泥土建造，上頭還覆蓋白色膠泥構成的帶狀雕刻，樣式稀奇古怪。我從來沒有看過

薩那城市建築景象，國際教科文組織已將此處建築列為世界遺產之一。

像這樣的地方，我在那裡欣賞好一陣子後才回神。

突然間，我嗅到那股強烈的味道，穿梭在市場裡成千上萬種不同味道之間，一股烘烤咖啡的香味。我被這無法抗拒的芳香吸引，跟著味道來到一個巨大的中庭，看到一群商人悠哉守著幾百個袋子，袋子裡就裝著小小黑黑的果實，仔細一看，原來是葡萄乾。我立刻衝到市場的主要巷子，重新又跟著咖啡香來到另一個市集，這次是堆積如山的生薑、丁香、小豆蔻和肉桂。我嘆一口氣，原來是賣香料的市場。走到這裡，我更不可能有機會找到咖啡香味的來源。

後來我又問一個商人，不久之後我便發現自己身處一個古老的中庭，中庭內有三道由鵝卵石築成的矮牆，和一袋有五十公斤重的咖啡。有位蓄著及腰長鬍的男子翹著二郎腿，正在核對一份厚厚的帳單。一個小男孩站在門口盯著我。不久，中庭一個角落的門口傳來有節奏的微弱軋軋聲。我好奇的往裡面看，發現兩個男子坐在堆到肩膀高的咖啡豆上面，全部的咖啡豆都還沒有剝殼。他們把烘烤過的咖啡豆丟進一個大型鐵網，以便區分剝好的和尚未剝殼的咖啡豆。房間裡唯一文明的器具是一個幾乎已報廢的咖啡烘烤機與一盞燈。

那是世界最古老的咖啡市場。我脫掉鞋子，坐在門前的石階上觀看兩個男子工作，他們臉上都掛著笑容。我向他們表示想要摸摸那些咖啡豆，接著我就把手鑽進烏黑亮麗的咖啡豆中。當我的手臂伸進咖啡豆堆時，感覺這些咖啡豆的質感很好，而且這種觸摸的感覺遠比喝了它的感覺還要好。於是我把另一隻手也伸進這堆咖啡豆裡，一直伸到我的手肘為止。真的比喝咖啡的感覺還要舒服，況且

古老薩那城市場，
是佔地廣闊的大市集。

還不用杯子呢！

　　先前站在門口盯著我的男孩忽然出現在眼前，他手中拿著三杯還冒著熱煙的黑色液體。那兩個工作中的男子立即將手上的籃子丟在一旁，快樂的將杯子接了過去。男孩最後把第三杯遞給我。我拿起杯子，心想，終於可以嚐到夢寐已久的咖啡！尤其是在這個聖地裡最神聖的地方，眼前就是堆積如山的咖啡豆，喝著預言者的最愛：接受過三次祝福的伊斯蘭豆子酒。但是……

　　「茶？」那男孩手指著杯子問我：「你喜歡喝茶嗎？」

惡魔的飲料

　　《聖經》提到：希巴女王聽到索羅門的名聲，就來到耶路撒

冷，想用難解的問題試問索羅門，跟隨他的人很多，又有駱駝馱著香料……希巴女王贈送給索羅門王的香料，是前所未有的珍奇物品。

很可惜，《聖經》裡沒提到希巴女王給索羅門王的是什麼香料。那些香料裡必定有乳香和沒藥，因為希巴或薩巴王國是葉門最早期的王國之一，而這些香料正是這些國家最有名的出口貨品。不知道咖啡豆是否也是珍奇物品中的一項？根據一些歷史學家的說法是有可能的，因為他們相信當時的希巴王國應該包括衣索匹亞。目前唯一的證據是那晚索羅門王強行帶走女王，也因此有謠言說，咖啡豆其實是一種春藥。值得一提的是，一位阿拉伯歷史學家曾提到咖啡與索羅門王的關係，據說希巴女王拜訪後不久，索羅門王就利用葉門的咖啡豆拯救一個被瘟疫感染的小鎮。

最普遍的說法是，伊斯蘭教出現幾世紀以後，阿拉伯人才開始飲用咖啡。也許西方人想到回教，就會聯想到恐怖份子、蓄鬍的狂徒，以及令人煩惱的衛生習慣。這些聽來雖然愚蠢，卻也是事實。伊斯蘭教是美麗的宗教，但並不完美：認為應該把包包放在頭上的宗教，很顯然是有些問題需要解決。可是伊斯蘭教的巔峰時期，是人類發展史上的光榮景象。當歐洲的基督徒處在黑暗時代，回教徒則正在研究亞里斯多德、發明代數數學，以及創造史上最高雅的文明社會之一。

但誰又在乎這些呢？最主要的是伊斯蘭教徒都是禁酒主義者。因為被禁止品嚐葡萄酒的美味，也難怪這個新的社會對咖啡會如此熱愛。尤其是倡導神秘教的領導者，是他們最先利用咖啡來執行宗

教儀式。

「胡說！真是荒謬！泛神論者！」跟我一起在咖啡館的伊須瑪說話了，他是正統派的回教徒。很顯然，他對泛神論的神秘教嗤之以鼻，甚至連伊斯蘭教都不以為然。他認為：「這個國家的人成天只會嚼卡特葉。」

薩那是伊斯蘭教流亡者的家外之家，城內的咖啡館內都是伊拉克人、伊朗人、阿富汗人與索馬利人，他們都沉溺於外來人士最愛做的事，就是寄生在他們目前所在的國家。伊須瑪隨著他的父親在二十年前來到薩那，現在的他已完全被同化了，甚至在皮帶上繫著降比亞（Jambiya）[1]小刀，唯一的破綻是他的鬍子顯得有些紅褐色，還有他一長串的竊盜紀錄。

我對他說，我對人類如何開始飲用咖啡非常有興趣。他告訴我一則我沒聽過的山羊故事的版本。他說，從前有一個阿富汗牧羊人，他有一群特別活躍的山羊；牧羊人不懂為什麼他的山羊會如此活蹦亂跳。有一天，牧羊人發現他最活躍的山羊嘴裡總是啃著某種小小的紅果實，牧羊人感到好奇就嚼了果實，突然全身疲勞都消失了，而且大腿也開始產生興奮。他突然抓住山羊中最漂亮的母山羊，然後……這是卡帝故事的翻版，只是多加一些限制級內容。

「喔，我想這就是為什麼有人會認為食用卡特葉後，會把你變成撒旦的崇拜者。」我說。

「不，那是為什麼葉門人會喝那麼多咖啡，只因為他們愛他們

---

1. 降比亞，是葉門男子自幼配戴的微彎小刀，代表精強力壯和榮耀，也是陽具象徵。

的山羊。」他眨眨眼。

「阿富汗的牧羊人不愛他們的山羊嗎？」我開玩笑的說。

「愛，但不是像葉門人那種愛法。你可以隨便問一個阿富汗人，問他是要英國女孩還是要山羊。他一定會要你去問葉門人，而葉門人會說：『要怎麼比較呢？我又沒有試過英國女孩。』」

「嗯，嗯，嗯！這個我聽過了，說點新鮮的吧。」

「你要大麻嗎？」

我回絕了。我需要換錢。在薩那這地方，想換錢還真困難，並不是找不到黑市，有一整條街都是帶著錢的年輕男孩，坐在人行道上等客人來換錢，一點也不擔心安危。我頭痛的是沒人知道什麼是旅行支票。我試過將一張支票換成現金，但經過一番爭執之後，支票馬上又退還給我，只因為我在支票背面簽了字，使它失去價值。

伊須瑪說他認識一個朋友可以兌換旅行支票，還可以弄到歐洲護照，於是我們去找他的朋友。有一群穿著傳統服飾的葉門男子蹲在一堆雜物之中，一邊數著鈔票一邊啜飲茶，滿嘴卻都是卡特葉。比較有錢的沙烏地阿拉伯客人會趾高氣揚的闊步走，兩手拉著他們西裝袖口，好讓其他人看見他們懷中掛的沉重而昂貴金錶。我把支票交給一個陌生人，他再把支票傳給裡面一群人手中，大家爭相傳閱。忽然一陣興奮的爭吵聲，接著是貨幣兌換商將支票從一個男子手中搶過去，然後丟到一個箱子裡面，卻又馬上把它從箱子裡面取出來，再隨手抓了兩把鈔票，然後將支票與鈔票都拿給我，要我在支票上面簽字，但沒有人要看我的護照。

此時有位男子作手勢要我跟他一起坐在地上。我開始數錢，但

因為燈光不夠亮，我看不清楚鈔票的面值。坐在我旁邊的那個男子點了他的打火機，開始幫我計算總共多少錢，他不時停頓下來，跟我們附近的人交談。接著又有一堆單子在人群中被傳送到我這邊。這一切過程全都在奇怪的節奏中完成。

錢是搞定了，可是伊須瑪的朋友並不知道有關歐洲護照的事情。

「我去問另一個朋友。」伊須瑪說完後就走出去「做生意」了。他指的是幫我數錢的那個陌生人。原來他才是護照專家。他可以提供兩種國籍的護照：新的希臘護照或舊的德國護照。於是我向他問了護照的價錢。

他聳聳肩說：「隨便。你幫我一個忙，我也幫你。」

我還沒看清楚這個朋友的長相，但在昏暗的房間裡，我看得到的只是染著一頭紅褐色的頭髮。又是阿富汗人。

「幫忙？」我問他：「什麼意思？」

原來製造假護照只是他的副業，他最主要的工作是偷渡政治流亡者到比較高薪的國家。如果我要護照，就必須幫他做偷渡的工作。我必須飛到法蘭克福，中途在杜拜停留。有個難民想要在德國訂位，他得跟我搭同一班飛機。可是他的機票只到杜拜，所以到杜拜的途中，我需要和他交換登機證，然後我在杜拜下飛機。他在飛機上用我的登機證即可通往德國，也可以避免被查看護照上有沒有德國簽證。等他到了德國，會把我的機票以及所有的證件銷毀，然後他會向德國當局自首，要求送往收容所。在德國憲法的保護下，他一定會被收留。

「這些都是事實。而且在印度，他確實是難民。」為了讓我安心，男子還向我保證。

「所以他想在德國工作？」

「當然！他要養妻子、兒女。」

「好吧！希望我可以幫上忙。你要付我多少錢？」我說。

「三百元。」

我心想，三百元雖不多，但可以擁有歐洲經濟共同體的護照將會更方便。「還要護照，最好是用法文寫的。」

他點點頭。

我又多加一句：「你付機票錢。」

「當然！再加一張機票讓你到杜拜後要去的目的地。」

我心想，聽起來那麼簡單一定有什麼不對勁。

「如果我被抓會怎樣？」我問。

「會怎樣？什麼意思？」

「被警察抓到啊！」

「警察？什麼警察？犯什麼罪？你買機票，你把機票轉讓給朋友？」他聳聳肩說：「我們有一句話說：『沒有明文禁止的，就是被允許的。』」

天啊！這是什麼社會。早在十六世紀初期，固執的宗教人士就把喝咖啡的行為訂為一種罪行，而上面那句話就是愛喝咖啡的人最喜歡的辯論話題。聽起來或許荒謬，但我們要記得，咖啡與泛神論神秘教的關係非常密切。摩卡的阿夏地利和亞丁的阿達巴尼，都是倡導泛神論神秘教人士。泛神論神秘教雖然屬於伊斯蘭教的一個派

別，但還是跟其他伊斯蘭教不同。傳統的回教儀式不使用音樂或舞蹈，但神秘教則兩者都有。泛神論神秘教是具有特殊異質的宗教，表面上是伊斯蘭教，但實際上是源自更早的原始宗教。有許多人曾嘗試紀錄、介紹，不過想要了解的最好方法就是下列這則中東古老故事：

> 有一個波斯人、一個土耳其人、一個希臘人和一個阿拉伯人，正在討論該如何花掉他們最後一個銀幣。希臘人大叫：「我會用來買酒。」波斯人搶著說：「我要買葡萄酒。」阿拉伯人和土耳其人也都用自己的語言說要買酒。他們吵到都快要大打出手，這時有位神秘教人士正好走過，他聽了他們的爭執後，要求他們把那個銀幣交給他。於是他們把錢交給神秘教人士，過不久，他帶著一堆閃閃發亮的葡萄回來。
>
> 「我的酒！」希臘人大叫。「不，那是我的！」波斯人也大聲叫著，而土耳其人和阿拉伯人也是同樣反應。大家都很高興，因為他們都得到自己要的東西，只是外表形式不同而已。

這個寓言述說泛神論尋找的，是神賜的美酒最自然、最原始的狀態；同時也暗示泛神論者偶爾喜歡喝酒。基本上，他們是伊斯蘭教的嬉皮。所以約在1480年，當他們在聖潔的麥加舉行儀式時率先使用咖啡，造成的反彈就像在羅馬教廷梵蒂岡抽大麻一樣。麥加第一次對咖啡施壓是在1511年6月20日，宗教警察長貝戈發現麥加的大清真寺旁，有一群人在深夜裡喝某種飲料，好像是在喝酒一

樣。當他上前調查時，那些人馬上把燈籠熄滅。貝戈不久得知那些人喝的飲料，在一般的酒館都可以買到。

隔天，他召集宗教學者會議，目的是要討論這種新的飲料是否可以在伊斯蘭法之下販賣。反對咖啡的理由有三：一、它會造成醉意，所以跟喝酒是一樣的，應該不被容許；二、泛神教在禱告前會用手傳遞一杯咖啡，這種動作跟喝酒有密切關聯；三、要把咖啡豆烘烤到「氧化」程度，是《可蘭經》禁止的行為，伊斯蘭教的教規特別嚴禁含有酒精成份的發酵飲品。咖啡並不是發酵過的水果飲料，所以狂熱的回教徒宣稱咖啡是違法的，因為它會「刺激神經」。他們甚至帶一壺咖啡給評審親自嚐嚐。但這些證據對評審來說似乎太簡單了，他們當然不肯品嚐那壺可怕的「酒」。

貝戈事前料到會有這種結果，因此他帶了兩位醫生印證咖啡的恐怖。原來這兩位醫生與貝戈早就說好，如果能取締咖啡，事後可以得到「很高的榮耀與獎賞」；因此那兩位醫生作了虛假報告，證明喝咖啡會給人帶來精神變化。這個結果迫使咖啡被歸類為酒的一種。其他在場人士也作證，喝了咖啡判斷力會減弱。有一個傻蛋還說他分辨不出咖啡與酒的不同，結果馬上被拖去鞭打，因為那表示他嚐過酒。

咖啡是否合法，正方所用的理論就是阿富汗證件假造者給我的那句話：只要《可蘭經》沒有明確禁止的東西，就不算是違反神的旨意。當保守派爭辯說，穆罕默德是要嚴禁所有會使人醉的東西，他們又指出，雖然咖啡會影響心理，可是大蒜也會，況且對於傳統伊斯蘭教的說法，喝醉酒的定義是：「當一個人已分辨不出男人或

女人、天堂或地獄的時候。」

其實整個事件是由於政治權謀而套好招的。警察長和兩位醫師都是保守教派的宗教執政高層，他們不贊同泛神教的信念，反對宗教有任何心醉神迷的現象，或是跟上帝感應時懷有「醉意」。而泛神教卻概括這種做法。將咖啡從靈媒或祭司手中傳遞給全場的信徒，就代表咖啡已成為神聖的酒精飲料。在泛神教，還有一個字隱含宗教執政高層與咖啡之間的密切關係，那就是「marqaha」；這個字的涵義是：「不需要回教的祭師或清真寺」，這是宗教執政高層所不樂見的。

所以咖啡最後在麥加遭到嚴禁。一袋又一袋的咖啡豆當街被燒毀，如果有人當場被抓到正在喝咖啡，便會遭到毒打。這條禁令之後曾被推翻，可是到了 1525 年，麥加又再度恢復這條禁規。之後開羅也在 1539 年嚴格禁止賣咖啡。但每次鎮壓只會帶來更多暴力，直到 1600 年發生土耳其暴力鎮壓事件為止。

當然，如果國際刑警組織發現我偷渡人口，我雖然不敢說中古時期的伊斯蘭教理論是否有說服力，但屆時應訊時應該是個不錯的說辭。

06

葉門咖啡

喝一點咖啡的人，不會下地獄。

——十六世紀泛神論神秘教諺語

葉門，薩那（Sana）

現代咖啡的前身

從我抵達薩那第一天到離開為止，找不到咖啡的慘痛經驗一直跟隨著我。薩那有許多小雜貨攤和簡陋的小屋子，都是由瘋狂的阿拉伯人在看顧，可是並沒有賣什麼特別的咖啡，至少跟我想像中的阿拉伯咖啡不大一樣。我以為這裡的咖啡會與土耳其咖啡一樣又濃又烈，沒想到葉門的咖啡完全不一樣。

這裡的咖啡味道很強烈，但特色是丁香、小豆蔻、糖，以及與開水混合後的淡淡滋味。西方人一開始或許會覺得味道太淡，但我已愛上它那清淡的芳香。製作這種咖啡的方法有二：一種叫做shatter，做法是將一湯匙添加過香料和磨成粉的咖啡浸泡熱水。這種做法一般人比較喜歡在下午做。早上的做法是將咖啡與糖一起放在長柄鍋（ibrik）煮沸，趁它剛煮好時飲用。最後煮出來的飲料跟傳統土耳其咖啡相差十萬八千里，這也反映兩個國家之間的差異。土耳其咖啡可以比喻為一個在杯子裡握緊的拳頭：又濃又黑又苦。葉門式的咖啡則是一杯金黃色的液體，有特殊的清香味道，且香甜可口（除非是葬禮，平常不可以加糖），一般很少會用牛奶。

葉門人喝的是一種叫做「殼水」（qishr）[1]的飲料。這種飲料不是用咖啡豆煮成，而是用它的外殼。這就是葉門的傳統咖啡。珍‧拉羅科（Jean de La Roque）曾於1715年寫過：「較厲害的人

---

1. 殼水，是阿拉伯文，指水果果肉。一般認為，阿拉伯半島南部葉門的殼水，是把曬乾的紅果子用水煮來喝，曬乾的果肉如咖啡豆外殼。後又衍生為加入薑汁的咖啡。此處翻譯取其音，與淡淡的味道。

並不是用咖啡豆煮咖啡，他們有另外方法，就是利用咖啡豆的皮與肉。倘若煮的方法正確，他們就會聲稱世界上沒有比這種飲料更好喝的。」

　　從衣索匹亞的卡帝到葉門的殼水，這種並行的進化方式不禁使我們懷疑，現代用咖啡豆煮咖啡的方法是如何發展出來的，是否因為早期使用的咖啡殼太脆弱，不易保存，而且運送也困難，所以無法普及。我覺得「殼水」無味，如果添加薑就叫做「瑪佐」（mazghoul）咖啡，這種風味還算可以。在西方社會，與瑪佐最相似的咖啡要算是德國最難喝的「花杯」（blümchen kaffee）；它之所以獲此稱號，是因為味道淡到可以讓你直透咖啡杯底的花樣。

　　「可是你一定要喝品質好的殼水。」艾伯拉罕（Ibraham）說。他輕率的指著我面前的一杯飲料。「我兒子剛煮好。現代年輕人已經失去這種技術了。」

　　我們就在他家客廳，坐在散落一地的軟墊上。葉門的傳統家庭客廳都設在樓上，是專門招待客人的地方，但艾伯拉罕家卻在一樓，還裝衛星電視，因為他最近才把房子改建為旅館。

煮咖啡器具：長柄鍋。

這已經是我第三次造訪。他再次描述傳統煮咖啡的方法，每個人都可以煮出不同味道的殼水；有的苦、有的甜，有些經過長久熬煮後，再小心翼翼的將它們混合，以便做出更完美的咖啡。他說，有個人家的女主人就是因為製作特殊殼水而聞名於葉門。

我問他是否可以讓我與她見面，他說不可能。可是他知道還有一家咖啡館的殼水做得不錯，不過還是遠不及那家人。也算不錯了，至少對一個外地人來說，已經算是很好了。

「你一旦嚐過就會知道，」他說後又告訴我，該如何到這家傳說中的咖啡館。結果還是與前兩次一樣，他又畫一張地圖，可是沒有一次讓我看得懂，我還是找不到那地方。

「我看你是永遠找不到那地方的。」這是他的結論。

「要不然你帶我去。」我乞求他。

「不可能。」他指一下電視機：「今天很忙，明天吧。」

「可否告訴我可以找到的地名？」

他找一位阿拉伯人討論。突然，艾伯拉罕拍一下自己的額頭說：「我怎麼沒想到！我的朋友知道的。你一定要先去找一群老人。」

「什麼？」

「早上第一次祈禱會過後，你到清真寺附近看看。只要你看到哪裡有一群老人在喝東西，那裡就會有最棒的殼水。」

咖啡館設在老人區，而且又是在清真寺附近，我心想，還算合理，因為可以使信徒在禮拜中保持清醒，所以咖啡館就這樣的在清真寺周圍發展起來。

「最好的殼水都是在第一祈禱會過後煮好的。記住，人越老，他喝的殼水就越好喝。」他說。

「第一祈禱會是幾點開始？」

「不會太早，大約清晨五點吧。」

清晨五點！值得嗎？為什麼是禮拜之後呢？如果咖啡是為了讓人在聆聽神的教誨時保持清醒，為什麼是做完禮拜後才飲用呢？有人向我解釋，這是與反對咖啡者的最後妥協，至少在葉門是這樣。有信仰的人要在禮拜過後才能喝咖啡，這樣喝下邪惡的刺激飲料之前，神的旨意才會傳達到人們尚未被汙染的心靈。如果你一定要先喝咖啡，就必須在喝下時，像在十六世紀伊斯坦堡時一樣，大喊：「靈魂啊，請躲到我身體某處吧，或暫時離開我的肉體，不被這杯咖啡汙染。」

這是他們告訴我的故事。而且早上和下午的品質的確有差別。早上的殼水給人毛髮直豎的快感。到了下午，大部份人都在咀嚼卡特葉時，他們才會煮比較淡的咖啡。但多數人還是喝殼水。

之前的護照計畫似乎不執行了。後來才知道我要先飛到斯里蘭卡見那個難民，到了那裡，一位擁有旅行社的阿富汗人會提供我到杜拜的機票。我開始了解這個計畫執行的過程，看起來像是要我飛到一個有許多恐怖份子的地方等待，等到那個人的親戚或朋友的親戚，還是他朋友的親戚的朋友的親戚，買到最便宜的機票就可以出發了。

「我一定要離開這地方，不然我一定會瘋掉！」古拉柏（Gulab）說。

古拉柏是伊拉克考古學教授，為了逃避兵役跑到葉門。我是在吃豆子三明治當早餐時認識他。他像我見過的多數難民一樣，非常厭惡葉門。他認為葉門人非常沒禮貌，而且很骯髒，食物也很難吃，講話時廢話一堆。可是我卻覺得大部份葉門人都很和善，食物也滿好吃的，環境還算安全。我可以在沒有路燈的彎曲小巷子，遊走到三更半夜也不會害怕（或許與這裡罪犯仍會被處以死刑有關）。

　　波斯灣戰爭過後，葉門是少數依舊繼續辦理伊拉克簽證的國家，另外兩個國家是羅馬尼亞和利比亞。對於利比亞，古拉柏還可

葉門人嚼食卡特葉、抽水煙筒，以及飲用咖啡的場所。

以接受，因為那裡還有很多石油開採工程，仍然有很多工作機會，只是沒有飛往那裡的國際航班，因為利比亞獨裁者格達費拒絕調查洛克比空難爆炸事件。古拉柏沒辦法，不是到葉門就是去羅馬尼亞，還是從軍打仗，三選一。最後他選擇葉門，因為聽說這裡的蘇丹大使館有時會發給伊拉克人過境簽證。如此一來，古拉柏便可以先到蘇丹的首都喀土穆，然後徒步進入利比亞境內，就算一路上都是戰亂後的廢墟也要走，因為這一條路是愛好和平的伊拉克人最喜歡走的路線。他認識幾位學術界人士，在這條路上神秘失蹤了。

他的處境確實為難，我試著安慰他說蘇丹人非常親切，還拿我的旅行指南給他看上面所寫的東西，但無法安慰他，他只是不斷的說如果我不幫他離開，他就會發瘋。我這才發現，原來我已經變成專門提供國際難民替身的服務專家了。

「這裡髒到我不敢相信，如果要我留下來我會瘋掉。」他不斷的向我嘮叨。

不久，我終於擺脫他。一如往常，今晚還是沒有電，只有一盞小燈仍靠著微弱的燭光繼續亮著。我看見銀器匠正在擦拭彎曲的小刀，又看見一個男人正在銜接水管。到處都是沒藥與香火的味道。我在狹窄的小巷裡閒晃，回想一路上迫切追求咖啡的旅程。在摩卡或阿法奇港（al-Faqih）買進咖啡豆之後，大部份的貨物會用船運到沙烏地阿拉伯的吉達市。可是有些人認為，最早的一批貨會經由古老的香料路，再穿過阿拉伯半島南部的沙漠空曠之地，最後才能到達麥加。在這裡，我需要作一個決定，從上面兩條路當中選擇一條。

突然我聽到一陣興奮的喧鬧聲，原來電又來了。薩那舊區的每扇窗都是彩色的鑲嵌玻璃，每棟樓最多有到四十扇窗。因為平時沒有電，所以當電來時，這些彩色的窗戶，尤其是在夜晚造成的效果，顯得特別美麗。我完全沒想到自己會剛好走到城內一座開放式的花園。廣闊的星空在我面前展開，我所見的每一地方都是詭異的泥造大廈，窗戶都像寶石般的閃爍著，有綠的、紅的、藍的，還有琥珀色。此時，巷子傳出人們感謝的聲音。

　　最後我決定走香料路線，走過空曠的沙漠。

　　隔天，當我在薩那的中央郵局收到一張明信片時，我的計畫就泡湯了。明信片是楊吉（Yangi）寄來的，他是我在加爾各答認識的一個走私藝術贗品的傢伙。那張明信片上面寫著：「記住！我們永遠是最好的朋友。巴黎見！」

　　我嘆一口氣。看來我們之間的「協議」還是有效，除非我假裝沒收到這張明信片，我想這或許會是最好的方法。我心裡想著，並將那張明信片丟進垃圾桶。真該死！儘管他之前曾編過許多廢話，而且還曾帶給我許多麻煩，最後我還是會對這個傢伙心軟的。

07

咖啡在印度

我們只要比較愛喝咖啡的西方暴力社會，
以及愛好和平、喜歡喝茶的東方世界，
就可以清楚知道咖啡帶給人類的害處。
——印度營養小冊子

加爾各答（Kollkata）
→卡納塔克（KARNATAKA）

加爾各答

克里希納

卡納塔克

加爾各答的咖啡館

我第一次遇見楊吉是四個月以前的事了，那是在印度加爾各答一個老咖啡館。我記得清清楚楚：包著頭巾的的服務生、社會主義的海報、天花板上的風扇裡一層厚厚汙垢。有一面牆上掛著詩人泰戈爾畫像，因為泰戈爾五十年前獲得諾貝爾獎時，曾經是這家咖啡館的常客。他是這家咖啡館學生客人的模範：一群蓄著鬍子的肥胖男學生吃著印度咖哩、喝著茶，女學生穿著印度傳統服飾，搭配牛仔褲。這些學生都是加爾各答的新潮流派。我只看見他們的嘴角在動，臉孔卻因天花板上旋轉的風扇而顯得詭異。

楊吉坐在咖啡館角落一張桌子旁，他是個面目清秀的印度男子，有一對發光的眼睛和微薄的雙脣，以及駱駝色的皮膚，還有一頭烏黑的長髮。他捲起一支香菸，嘆一口氣。他的行為正是大麻毒癮者的模樣；當時我並不知道，所以不明白他為什麼可以一直盯著未點燃的香菸，而且像是很有興趣的盯四十五分鐘。沒有人過去跟他坐，也沒人和他說話。我離開時，他突然抬起頭，給我一個想睡的微笑。我發覺他有點鬥雞眼。

當時我正在幫德蕾莎修女照顧飢餓疾苦的人，曾經歷前一天用手餵食一個消瘦的人，隔天又得抬他的屍體出去。

咖啡館是我最喜歡待的地方。很多人不了解我為什麼那麼喜愛加爾各答，其實我是把加爾各答想成是約 1930 年代的巴黎：便宜、髒亂，一堆胡言亂語、身體髒兮兮的人。就像興盛時期的巴黎，加爾各答是孟加拉知識份子的聚集地，這間咖啡館可以說是加

加爾各答以文學、藝術和革命遺產著稱，是印度現代文學和藝術思想誕生地。咖啡館充滿激情的抗辯、知識分享與傳播。

爾各答的中心點。我認識楊吉那天，連陽台上的座位都是滿滿的人，館內吵到想點一杯咖啡都聽不見。印度有三位諾貝爾獎得主，其中有兩位經常在此出沒，連印度的咖啡工會總部都設在加爾各答。咖啡館老闆似乎重視政治甚於賣咖啡，咖啡館裡隨時擠滿客人。當我又來咖啡館報到時，裡面一如往常擁擠，楊吉照常獨自一人坐在角落。他看到我，對我揮揮手。

「坐下吧，其他桌子都已經滿了。」他說。

他問我對加爾各答的感覺。我說很髒，但有些地方很有趣。

他同意我的看法，說：「真的很髒！孟加拉人的話也太多了，一直講，一直講。」他說話時有一種懶散的緩慢腔調，眼睛總是半開著。

「你不是孟加拉人？」我問他。

「不，我是喜馬偕爾省（Himachal Pradesh）人。」[1]

「那就奇怪了，你看起來很像孟加拉人。」

「是啊，」表情昏沉的他又以懶散的語氣回答：「我看起來像孟加拉人。」我不太懂他的意思。接著他又指向牆上一個畫像，問我：「你知道他是誰嗎？」那是泰戈爾的畫像。

我說我知道，還告訴楊吉這家咖啡館以前是反英軍黨在加爾各答分黨的總支部，他們是以暴力制服反對人士的派系，領導人是錢德拉・鮑斯（Subhas Chandra Bose），他追隨納粹黨希特勒。我還提到，咖啡館經理不肯向我說這部份的歷史，除非我捐一些「慈善

---

1. 喜馬偕爾省，印度二十八省之一。

基金」，可是他卻又全盤否認這整件事，他說：「咖啡館裡沒有政治，只有藝術。」

「什麼慈善基金？會作慈善才怪！」楊吉回答：「這裡的經理人都是騙子，孟加拉人都只談政治，什麼事情都跟政治有關。政治！政治！政治！」

「你不喜歡孟加拉人嗎？」

「喔，不是，他們人還好。」他說。好像很累的樣子，全身軟趴趴的靠著椅背，「我只是對政治沒興趣，不喜歡一堆狗屁話，我只喜歡錢。」

「哦，那的確是很有用的東西。」

「哈！很有用！」他懶散的拍了桌子，「我喜歡你，我覺得你很好笑。」他轉過來對我說：「你要不要跟我一起變得很有錢呢？」他有一股又甜又辣的氣味。

咖啡一開始與宗教的關係密切，後來逐漸轉型為人們談論策略與計謀的地方。大多數的陰謀都是政治性的。但楊吉的這份計畫，卻有一段與英國咖啡廳歷史有關。很久以前，大約是1680年代，歐洲人認為咖啡是會吸乾腦細胞的壞東西，可是當時倫敦已是咖啡的世界中心。其中有一間咖啡屋名為「勞意德咖啡廳」（Lloyd's Coffee House），為了了解海上最新消息，船長與商人會經常聚集於此。

有一天，勞意德咖啡廳的幾個常客打賭，哪些船隻可以安全抵達海港；如果賭的那艘船真的到了，那麼船家就算輸，反過來，

如果他的船沉了，咖啡廳的老闆就得賠。根據保險歷史學家韓斯（F.H. Haines）的說法：「像勞意德咖啡廳這種地方，就是要讓人發揮創意與新思考的地方。」

在勞意德咖啡廳內發生的行為，並不是第一次與保險有關的事情，但卻是第一個現代化作風的例子。對海運商人來說，只要風險沒有了，海運自然會興盛，不久就為英國建立龐大的海上帝國。一個進出耶路撒冷的咖啡業人士開啟海上運輸的事業，很快的成為世界最大的海運公司。那就是東印度有限公司。

儘管如此，勞意德咖啡廳卻未因此生意越作越大。來來去去的商船與商人開始在咖啡廳設置一間間小辦公室，最後使咖啡廳停止販售咖啡，轉而成立全世界最大的保險公司：倫敦勞意德保險公司。

楊吉的「商業」計畫顯然簡單些了，他有一位朋友住在印度西北部的拉賈斯坦（Rajasthan），正在仿冒即將在巴黎展示的莫戈兒（Mogol）古董畫。他們的困難在於這些作品出境時需要填寫正式文件，而這也表示這些仿冒的古董畫將會被扣很重的稅。外地人若是以禮物將這些畫帶出去，則可扣除較少的稅。如果我願意為他們趕在展覽前，將仿冒的古董畫帶到巴黎，他們會付我三千美元。

聽起來好像很完美，走私仿冒的藝術品聽起來很聳動。說實在的，我也挺喜歡拉賈斯坦的迷你畫，上頭通常有金葉片與奇異的動物；只是楊吉所說的每句話，我都不敢相信。

當他講完計畫之後，他問我：「你什麼時候可以去巴黎？」

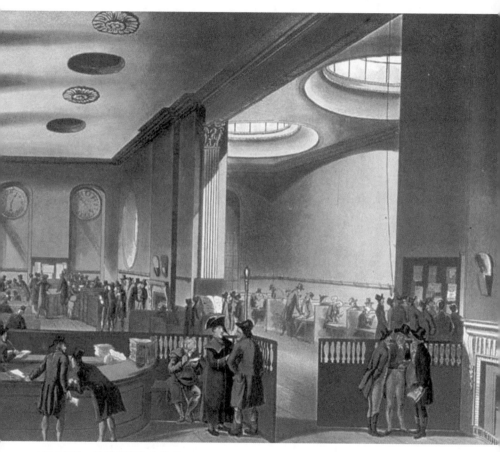

1680年代，倫敦勞意德咖啡廳。

「大概二月份吧。」我說。

他興奮的拍了桌子，說：「太好了！剛好來得及。」我心想，還真巧啊。

他問我：「你答應幫我們了嗎？我的朋友一定會感激你。」

「噢，這是違法的！」

「是的，但也不全然是。如果這些畫都是屬於你的，你就有權利把它賣掉吧？」

「表示我已經買下這些畫，也表示我必須付錢給你？」

楊吉打消這個念頭，說：「不，不！我不知道！但或許他們會要你付一些保險金，我想那是合理的，因為那些畫都在你手裡。」他給我一個充滿喜悅的笑容，然後說：「就像小寶物一樣。你何時可以抵達拉賈斯坦？」

「大約十一月左右。」

他將某間咖啡館的地址給我，地點在俗稱「粉紅城」的齋浦爾（Jaipur），然後說：「先到這個地方找我，到時候你再決定是不是要做這筆交易。」

我本來沒想過要去齋浦爾，但我並不想破壞這項聽起來好像很完美的計畫。而且一想到要國際走私藝術品，就覺得很刺激，況且三千美元會很有用。

「我不知道……」我很保留的回答。

他說：「沒關係！」然後就把那個地址給我。「隨便你。如果你去齋浦爾，請來找我，你一定會喜歡齋浦爾的。」他壓低聲音說：「那裡就是粉紅城。」

我想很多人喝咖啡時並不會聯想到印度。印度既沒有秩序，又很髒亂，更不用說迷信了。印度是喜歡喝茶的國家，也是第一個將咖啡樹種植在自己國土的非回教國家。這要感謝印度神秘教信徒巴巴‧布丹（Baba Budan）；「巴巴」是父親的意思。在很久以前，沒有人知道是什麼時候，巴巴曾經長途旅行到麥加，他見過那裡的神秘教信徒和他們的咖啡儀式，於是決定把咖啡樹帶回家鄉，與印度神秘教信徒分享。

　　在那時，凡是把咖啡種子帶出境的只有死罪一條。當時巴巴還參加成為麥加人的儀式；他曾繞了神聖的猶太教神秘經典（Holy Kabala）七次，而且親吻「黑石」，喝了神聖扎姆扎姆（Zam Zam）的泉水。最後，他才冒險把七顆青咖啡豆貼在自己的肚皮上，偷偷帶回印度，再將七顆青咖啡豆種在離買索爾（Mysore）市不遠的高山上。[2] 這幾顆咖啡種子已經開創現在年產二十萬噸咖啡的巨大產業，那些種子也提供荷蘭人船長艾卓恩（Captain Adrian van Ommeren）於1696年到印尼創造當地最大的咖啡種植場。

　　因為我想多了解巴巴的事，所以我前往他的家鄉——買索爾市附近的一個山上。這趟旅程共一千多哩，我前後搭了五天火車，

---

2. 有些咖啡歷史學者相信荷蘭人是第一個將咖啡豆帶進印度，時間約在1680年前後。儘管如此，英國《神秘社會期刊第七輯》（*Journal of Mystic Society VII*）宣稱，在1385年，維查耶那加爾（Vijayanagar，現為印度西南部買索爾市）國王哈里哈拉二世（Harihara II）下令所有Peta Math進口的咖啡種子都免稅。這使得荷蘭人是第一個將咖啡帶到印度的說法，開始被質疑。

當我越往南走，越發現南北的確有差異。北部人喝茶，南部人喝咖啡；北部的火車站髒亂不堪，又有尿騷味，到處是流浪漢與乞丐，可是越到南方，乞丐越少，車站也乾淨，就連火車有時還會準時到達或出發。因為南方人喝咖啡喝得多，書寫能力與收入比北部人高出兩倍，所以人人看起來都比北部人健康。

火車上的服務方式也透露世界第二大國現代化的趨勢。賣茶與咖啡的小販以前是用小瓦杯裝飲料賣給客人，用完之後便把它壓碎；這樣不但衛生、環保，而且還很有趣，但引進雀巢咖啡後也帶來塑膠杯。我問一個小販，如果全印度火車上三十億顧客都使用塑膠杯，會有什麼結果，會不會有亂丟垃圾的問題？

「問題？絕對不會有問題！」他指著一個乞丐，他正把地上的杯子撿進一個髒兮兮的袋子。原本認為塑膠杯很乾淨的我，頓時失去這種感覺。「你看！」小販得意的說：「印度人是很環保的！」

極品：猴子與貓的糞便？

買索爾是個涼爽城市，寬敞的路上沒什麼車子。我們簡直愛死了（我說「我們」，是因為當時我跟女友同行，但她不想出現在書裡。）不久，我便聽到一堆有關巴巴的傳聞。有人說，巴巴是回教聖人，也有人說他是印度神，又說他因為慷慨而聞名，還說他訓練老虎擠牛奶，有些人說他有一群摘咖啡豆的猴子，有一所大學以他的名字命名。

「大學？老虎？真是荒謬！只有在奇克瑪格拉（Chickmagalur）

有一座廟。老實告訴你，那裡是個見不得人的地方，你最好不要去。」加特吉（Chaterjee）先生說。

我在買索爾咖啡館認識加特吉，他看起來像是一隻有學問的鸚鵡，似乎也是可以信賴的人。根據他的說法，附近約兩百哩有巴巴布丹的神龕。因為這裡是印度，所以一切都會變得複雜，因為這座巴巴神龕是給回教人朝拜的，在同一個地方，有個山洞也是印度教塔達卓雅教的聖地（塔達卓雅是神明，據說他進山洞後會在千禧年復出）。

「我跟你說，這是印度人的恥辱，我懇求你不要去。」加特吉說。

原來巴巴有個習慣，在河邊洗澡後會將衣服掛在樹枝留給乞丐，這個習慣也成為信徒的傳統，延續至今。只是因時代變遷，現在做這種事的人留下破衣裳，即使沒錢的乞丐都不想要。所以現在附近的林子裡時常掛滿髒衣服，成了蒼蠅聚集之地。

「我有一篇報紙的投稿剪報，提到這裡髒亂的問題。」他從大公事包裡拿出剪報說：「你看看，這是我朋友寫信到報社，呼籲政府要重新整理這個地方，可是我們並沒有得到滿意的答覆。」

這篇剪報強調：「當權者應該將神聖之地整理乾淨」，將它設置為官方景點。

「所以這是這裡最主要的問題嗎？」我問。

「也許對許多人來說無關緊要，可是巴巴是偉大聖人。」

加特吉告訴我，他以前曾經在一個叫史瑞凡奴特（Shrevenoot）的地方做過咖啡的生意，「那是頂級咖啡。你知道卡納塔克（Karnataka）出產世界最好的咖啡豆吧？」

我很有禮貌的說：「我聽過，可是我覺得這裡的咖啡牛奶味有點濃。」

「牛奶又是另外一回事。」

關於這點我沒繼續追問下去，我倒想問以前聽說的傳說，「你知道有關巴巴與老虎的事嗎？」

「那是神話故事。」

「那些猴子的故事也是嗎？」

「我不知道什麼猴子。」

「你沒聽說巴巴曾經訓練猴子幫他摘咖啡豆？」

「那就神奇了！」加特吉喝口茶，繼續說：「不過在史瑞凡奴特，確實有摘咖啡豆的猴子。」

我高興的笑了，繼續問：「你是說真的有猴子被訓練來摘咖啡豆？」

「沒有！牠們沒有受過訓練，不過是自然現象罷了。猴子偶爾也摘咖啡豆吃，這就是猴子咖啡的由來，你聽說過吧？」

事實上，我以前也曾讀過有關這類的記載。猴子咖啡是在十九世紀才出現的產品，據說那是世上最美好的咖啡。

「原來真有這種東西啊？」我問。

「這是眾所周知的事情呀！我讀過報導，某些國家的猴子咖啡是山珍美味。」

「沒錯！類似的報導我也讀。他們說，因為猴子只挑最好、最熟的咖啡豆吃，對吧？」

「有些人是這麼說，但有人認為是在猴子的腸子裡引起的化學反應。」

「腸子？」

「是的。猴子吃下這些咖啡豆以後，會經過消化系統，而這就是所謂的猴子咖啡。」

「你是說那是猴子的糞便？」

「我說過了，這裡沒人喝那種東西，因為那些猴子不乾淨。」他皺著鼻子，「可是猴子都吃最好的咖啡豆，確實造成史瑞凡奴特很大困擾。」

對於這番話，我不知道該不該相信，直到我回美國多年後發現，猴子咖啡已成為咖啡極品。但不是取自印度的猴子，而是印尼的麝香貓[3]，一種樹上的夜行動物，牠們靠一種含有天然酒精的樹汁與新鮮的咖啡果實維生。不知道是不是由於麝香貓的腸子會分泌出某種特別的消化汁液（或許是牠們食用天然酒精的習慣），還是牠們只挑食肥美多汁的咖啡果子，從麝香貓的糞便裡可以粹取全世界最珍貴的咖啡。現在這些珍貴咖啡大部份銷到日本，在美國的蒙塔納斯公司稱這種咖啡是「魯瓦克咖啡」（Kopi Luwak），每磅約賣三百美元，是世界最昂貴的咖啡。另有一家叫做「大渡鴉咖啡公司」（Raven's Brew Coffee），四分之一磅賣七十五美元，還贈送一件印有正在拉屎的麝香貓T恤，上面寫著：「到最後一滴都還是

---

3. 印尼人認為麝香貓會在直腸附近的汗腺排出麝香，Kopi 即是印尼文咖啡的意思，Luwak 則指麝香貓。

美味可口。」

姑且不談這種美味令人半信半疑的猴子咖啡，我喝過最難喝的咖啡應該是印度咖啡。印度沖泡咖啡的方式不是新鮮過濾，而是用沖泡式的「咖啡碎片」加上牛奶、糖，與肉豆蔻一起煮到沸騰。煮出來的咖啡很像熱騰騰、很甜的奶昔，這樣煮出的咖啡不但難喝，而且沒有道理。熱帶美食都不用乳製品，但在印度卻大受歡迎。我不了解為什麼印度美食居然會有這種東西，到了遮普爾（Jodphur）之後終於得到答案。

「過來與我喝一杯吧。」我聽到聲音在叫我。

我沒有注意高速公路旁有一間小木屋。

「來吧！喝茶！」門廊坐著一個男子對我招手，叫我過去坐在他旁邊喝一杯。

我問：「多少錢？」

「免費！過來，過來坐坐！」他指著腳邊一個小凳子說：「這個給你坐。」

他看起來很快樂的樣子，胖胖的且留著長長鬍子。我坐下來。他說家中堆著八十三桶裝水的鐵罐子，「就算再熱，鐵罐子還是可以保持水的冰涼。」他還說，這是他的的責任，是他爸爸傳給他的，要他幫助每個經過這裡的陌生人解渴，免費提供水給他們喝。

「其實人類只需要三種東西就可以過活了，就是空氣、水與食物。神是不是很好呢？最重要的是空氣，神已經免費提供空氣給我們了。」

當天的記憶對我而言，很不真實。我記得在他鬍子間穿梭的蒼蠅，一會兒在他的衣服爬上爬下，一會兒又飛到我的杯口。我還記得當時的髒亂，杯子到處是烏黑細縫，摸起來黏黏的。雖然很髒，但我還是喝了。之後那個男子向我提到克里希納神（Lord Krishna）。

「我們就是為第三項必需品：食物，而奔波。你知道為什麼嗎？因為我們的牙齒是扁的。」他對我笑一下，然後繼續說：「你看，所以我們不是肉食者，應該學習克里希納神，跟祂一樣吃大自然給我們的蔬菜與水果，以及喝牛奶。」

克里希納是喜好快樂與美食的神，尤其是牛奶、乳酪或甜奶油。小時候經常一次喝十五加侖乳酪，長大後，他開始以冗長且押韻的傳道方式宣傳博愛。但是乳牛對祂還是具有重大意義。祂教世人，牛是神聖動物，牠們的性情最溫順；牠們的乳汁充滿維他命，如果精心處理，又可以將牛奶變成奶油、乳酪或起士，牠們的排泄物曬乾後可以當作煮飯的燃料。簡單說，牛的產品都是好東西的泉源，只要是牛排出來的、流出來或滴出來的，對健康與宿命都是很好的東西。

我終於了解印度咖啡了。其實每一個宗教都有它神聖的飲料，基督教有紅酒，佛教有茶（傳說是來自悉達多的眼睫毛），回教是咖啡，而印度教則是牛乳。之前有人批評煮咖啡的人將水加入咖啡，或是他們在咖啡中加入大量乳酪，甚至當我要一杯不加牛奶的黑咖啡時，小販都會以奇怪的眼神看我，這些是我之前不懂的事，

現在總算知道為什麼。

外地人來到印度都可以體會人生的道理，這就是我的人生道理，而這位胖胖的男子就是我的精神導師。

我說：「這就是為什麼，印度人會在咖啡裡放進那麼多牛奶。是吧？巴巴。」

他不滿的用舌頭發出喀嗒聲，然後說：「是啊，孩子。但是喝茶就好了，咖啡是苦的，而且會讓你的腸胃不舒服。」

08

守信用的騙子

他與那些原住民生活很久了，自己也開始「土著化」，
但有頭腦的人當然不會輕易相信。
——尤蓋爾·賽斯小姐（Miss Youghal Sais）

印度·齋浦爾（Jaipur）
→德里（Delhi）

咖啡杯外的故事

1886年，作家吉普林（Rudyard Kipling）開始引用「土著化」（fantee）[1]，那時土著化指的是英國人穿睡衣出門的意思。我開始土著化的第一個徵兆，就是在遮普爾（Jodhpur）得到的「啟示」。之後，我開始有了慾望，突然想買一條紫色寬鬆長褲。這種長褲在印度到處可見，雖然心裡抗拒買長褲的衝動，但最後還是在印度碧卡尼爾（Bikaner）買了一件。

我沒有理由做出如此異常的購物行為，只能解釋常帶我買衣服的女友已經回美國了，又因生病而瘦到只剩身前的影子。我掉了二十公斤，幾乎是正常體重的三分之一，也因此感到身心憔悴。這種情況對於初到此地的旅客是平常事，這也是為什麼，有許多無宗教信仰的西方人來到印度後會開始信佛。

幸好我的品味只有在服飾。當我穿著鮮豔褲子，配上骯髒的涼鞋和已變形的草帽走進齋浦爾，我自認還趕得上流行。

楊吉向我說的第一句話就是：「這條褲子不錯，你現在夠酷了！」

他介紹我認識一位滿臉粉刺的錫克教徒高星，之後又帶我經過一處迷宮似的小巷，走到一個兩呎高的小門前。我們爬進去後發現那裡是個長型空房間，房間裡有個矮小的門，我們鑽進小門，就看到他朋友的畫室。這個畫室沒有窗戶，到處佈滿小型的拉賈斯坦尼

---

1. 即「going native」，指在殖民地的歐洲人，採取當地人生活方式，過當地人生活。

藝術品，有會說話的老鼠、象頭神像、純金製造的葉片，還有亮眼的紅色光芒在燭光中閃耀，好像在一堆糞中找到一塊紅寶石，我真的非常喜歡。

之前我提過，這項計畫的基本條件是我要把這些「古董畫」（仿冒品）帶進巴黎，然後轉交給一位藝術家展覽，這樣就可以避免繳交古董稅。

可是這種交易不但囉唆、麻煩又不合邏輯，所以我省下一些細節，像是跟一位做過類似交易的英國旅客見面，或是在「猿神殿」的奇異儀式與代表友誼的椰子殼。我會輕輕帶過那段我和一位「官員」會面的經過，以便讓交易順利過關。

讓我直接跳到三天後，我在一家小店鋪簽一張一千兩百多美元的簽帳收據，我簽下來的這些畫，我自己都還沒看過，就將這些包裹寄往巴黎的中央郵局，署名給我自己。

「你一定要在二月時趕到巴黎。我們明天在德里（Delhi）見。」楊吉提醒我。

我在印度最深刻的記憶，包含那天搭乘的人力腳踏車、搬運工人在頭上頂著十呎高的包袱、驢車、牛鳴聲、喧鬧的凸克三輪機車，以及偶爾經過的大象。還有，那天到火車站的路程印象特別深刻，因為當我到車站附近時，有一輛載著兩名錫克教徒的摩托車，從忙亂的交通中騎到我所搭乘的人力腳踏車旁。

「你，你！美國人，你知道我是誰嗎？」坐在後座的教徒大吼著。

「我認識你嗎？」我大喊回去。因為錫克教徒都戴著規定的頭巾，外型都一樣，常讓我分不清是否曾見過面。

「我們在咖啡館認識！楊吉的朋友！」我透過楊吉認識幾位錫克教人士。「你有給他錢，對吧？」

一聽到錢，我的司機馬上轉過頭看個究竟。

「或許有。」

「很遺憾，但你再也看不到那些錢了。」那個錫克教人對我喊著：「我之前就想警告你。」

我們兩輛車全轉向右邊，一起停靠路邊。一隻扛著整捆棕櫚葉的大象隆隆作響走過。我嘗試抑制想嘔吐的衝動。

「謝啦！你不覺得現在太遲了嗎？」我嘶吼著。

他聳聳肩，接著說：「他是我的老朋友。」此時有一大群黑黃色的車嗡嗡的從我們身旁開過去。「你給他多少錢？」

「太多了！不要煩我。」我大喊。

他露出潔白的牙齒笑一笑，就加足油門向馬路中央駛去。我隨即叫司機載我到最近的電話中心，試著想取消付款。果然不出我所料，當然是無法取消。接著在一陣憤怒聲中撕毀我的信用卡，很顯然我沒有足夠智慧擁有這張信用卡。我坐在往德里的四小時火車途中，想了上百個計謀，企圖拿回這筆錢。可是他們已經讓我翻不了身。我無法連絡上楊吉，也沒辦法取消付款。我找不到之前的畫室或我曾簽帳的小店鋪，他們帶我經過太多彎彎曲曲的迷宮似的路線。我從來沒有覺得自己有那麼蠢，真是白痴！我重複在腦海中罵自己：笨蛋、笨蛋、笨蛋。此時，車窗外出現德里郊區景象，以牛糞覆蓋的泥屋、穿著破舊衣服的兒童、一灘又一灘腐爛的黑水。我發現自己投射在窗戶裡的影子在微笑。哈，我有一個主意。

隔天，我整日都待在咖啡館等楊吉，我們先前約好在這裡碰面。楊吉還沒出現，我拿了一本破爛的書，伍德豪斯（P.G. Wodehouse）的《超級侍衛長吉夫斯》（*Jeeves, Superbutler*）翻翻，讀到第八十九頁時發現楊吉已經坐在我對面。

「我就知道可以在這裡找到你。」他懶洋洋的對我說。

我猶豫一下，懷疑自己是否真的敢進行這樣的計畫，不管三七二十一，我從椅子上跳起來。

「楊吉！」我故意裝得很生氣，「這到底是怎麼回事？」

「怎麼啦？我遲到是因為車子發生問題啊！」

「是嗎？那你可以跟我解釋，為什麼昨晚警察到我住的旅館找我呢？你知道為什麼嗎？」我懷著敵意對他說。

「警察？什麼警察？」

「你都不知道嗎？」

「知道什麼？不，不……」他看起來好像自尊受到汙辱的樣子。

我編的故事是這樣：我到德里的旅館報到之後，來了五個警察把我拖到附近的警察局詢問。他們整晚都在質問我在齋浦爾的「行徑」。我在哪裡買什麼東西？在齋浦爾是否認識錫克教人？這星期是否從印度寄出包裹？我還說，他們向我問話問到凌晨兩點才結束。

楊吉聽了感到非常意外。「你有告訴他們什麼嗎？」

「什麼都沒說。可是他們一直問我有關稅金的事。」

「稅金？」

我壓低聲音，小聲的說：「是的！還有毒品。」

「毒品？」他睜大眼，「他們為什麼會問毒品？」

「我怎麼知道？你一定要告訴我，那些包裹裡到底有沒有藏毒品？」

「沒，沒有毒品！沒有毒品！這太扯了！」他抱怨著說。

我繼續對他說：「我一直保護你，什麼都沒說，但如果那些包裹真有藏毒品⋯⋯」

「不，不！你有看到⋯⋯」

「沒有。你還記得嗎？我沒有看到裡面的東西。」我突然想到新點子，接著問他：「那些包裹是不是你自己打包的？」

「不是我，是畫家的助理打包。」他看起來的確不老實，「難道會是他⋯⋯可是，不可能的，這太荒唐了。應該沒有。沒有毒品呀！」

「那些警察一直說什麼巴基斯坦的海洛因。」我知道齋浦爾是海洛因的交換站。

「海洛因？」

「有沒有可能別人把毒品藏到裡面？」我故意裝成這是假設，「還有，警察是如何找到我的旅館？只有你和高星知道我住哪裡！」

我繼續瞎掰。楊吉看起來很錯愕。

「不如這樣吧！」我提出下台階的說辭，「只要沒有毒品，應該不會有問題。」我把手搭在他肩膀上，看著他問：「你發誓裡面沒有藏毒品？」

「是——是——是的⋯⋯」

「絕對沒有海洛因？」

「沒有，什麼都沒有！」

「那應該沒問題了。他們不能證明我做什麼，而我也沒有提到任何人。」楊吉終於鬆口氣。接著我發出一個彈指聲的動作，說：「不好了……」

「怎麼了？」

「我不是用信用卡付款的吧？」

「是啊，你是用信用卡付款……」

「對了，他們抄了我的信用卡號碼。」我皺著眉頭，「他們有可能追蹤到賣方嗎？」

「我不知道……」

「這會出問題喔！」

拉賈斯坦地區傳統市集販賣各式各樣藝術品，保持各種古老行業和交易方式，充滿有趣的庶民文化。圖為吉祥物孔雀。

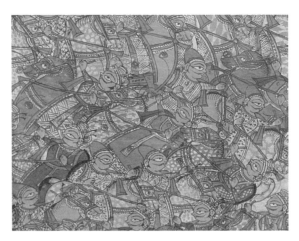

印度拉賈斯坦人對於色彩極為敏銳，有沙漠民族的配色哲學，充份表現在女人身上的紗麗、披肩、首飾，男人的頭巾與各式各樣的手工藝品。圖為繡布作品。

「可是在這裡使用信用卡並沒有犯罪啊！」

「話是沒錯，可是我告訴警方，我在齋浦爾沒有購買任何東西，如果他們看到了，會發現我撒謊。」我不安的搖搖頭，「如果我是用現金付款，那就好了。」我停頓一會兒，又說：「我想你已經把簽帳單拿去要錢了吧？」

「沒錯，今天早上去的。」

「那就沒辦法了。如果我們可以取回簽帳單，我就可以給你現金。」

楊吉的耳朵豎起，「現金？」

沒多久，他已前往齋浦爾，試圖取消信用卡付款。無論是否成功，我們約好後天在這裡見面。他離去之前又提出最後建議。

「史都華，我想也許你離開印度會比較好。」他安慰的把手放在我手上，「或許對你會比較安全。」

「不行啊！」我假裝很為難，「警方把我的護照拿走了。」

我的計畫是要索回簽帳單，把它撕毀，然後飛離印度。問題是，我身上現金不足，也沒有信用卡，根本無法買機票。

接下來兩天，我在德里到處打聽哪裡可以換外幣。有一條路我反覆來回走過，路上躺著一個骨瘦如柴、全身是蒼蠅的人。很顯然，他即將死去。我曾幫德蕾莎修女做過事，很清楚這一點。但就像其他成千上萬的人一樣，我什麼也沒做，我現在在乎的是我的錢。

楊吉約我在康諾特廣場（Connaught Place）一間餐廳見面，這次他準時出現，可是並非一人前來。高星也在場，還帶來一個我從沒有見過、肌肉非常結實的「朋友」。他們說，那張簽帳單已經拿不回來了，因為錢已經付了，然後開始質問我，想知道警方到底問我什麼，以及我被帶到哪個警察分局，他們還想知道那些警察穿什麼制服。原來楊吉不相信我所說，所以我的謊言必須更豐富，有時完全憑空想像，有時根據實情加油添醋編造故事。我說，那些警察又來找我，問我更多問題。為了證明我所說的一切都是真的，還特地拿出一張偽造的單子，上面說明警方已經取消我的信用卡付款。

他們一臉錯愕。

「他們為什麼會這麼做？」

「我怎麼知道？」我把護照拿出來，「至少他們已經把護照還給我了。」

就這樣，我們僵持超過一小時。他們要求我跟他們去警察局一趟，我說除非有律師陪同，否則不會去。他們則聲稱他們有律師，我則要求見他。

最後他們終於問完了。再隔一陣子，高星突然抽出一個信封說：「我們要給你看一樣東西。」他從信封中拿出我的簽帳單。

「就如我所說的，這項付款並沒有通過。」我看著楊吉，「難道你不相信我？」楊吉聳聳肩。

「我可以看嗎？」我問。

當高星將簽帳單緩緩的交給我時，他們三位頓時緊張起來。所有的簽帳單都在，我只要把他們撕成一半，我的問題就解決了。他們又能對我做什麼呢？餐館內有一半的人都在看，包括警衛。他們絕對不敢當眾對我動粗。可是，我又猶豫一下。前一小時我都在說謊，現在又要為撒謊而圓謊，最後只能繼續騙下去。我感到眼花撩亂，覺得自己好像病態的嗜賭者，必須一直賭下去。我的目的已經不再是把錢贏回來，而是要證明我們之中只有我才是最高明的騙徒。

「拿去！」我把那些簽帳單遞給高星，「如果你們覺得安全，那就用吧！我要去洗手間。」

我從洗手間回來時，高星與楊吉正熱烈討論。只看到楊吉猛說是、是、是，而高星則一直說不、不、不。而他們的「朋友」，更恰當的說法應該是一個只想打斷我雙腿的凶漢，則沒有意見。

我回到座位，楊吉對我說：「我們還有東西要給你看。」他取

出那些簽帳單，然後撕成兩半。高星則雙手抱頭呻吟一聲。

原來他們還有最新、最好的計畫如下：他們將仿造原先購買的畫（也就是先前偽造的畫），然後寄回給原來計畫的主謀，說我們要求退貨。等我到了巴黎，我再將原來仿造的「古董畫」以最好的價錢賣掉。之後我們三人再平分所得的利潤。他們說那些古董畫應該可以賣一萬法郎。

這個計畫唯一的陷阱就是要花八百美元仿造古董畫，他們可以支付四百美元，剩下來的就由我負擔。

我假裝同意跟著他們的計畫進行，其實心裡正想著要怎樣跳進下一班離開印度的飛機。但最終我還是給他們錢。反正，如果他們真的騙我，也因為我先騙他們，所以我們算是扯平了。話又說回來，如果他們所說的都是真的，沒有騙我，我就等於對他們做了很不好的事，正好用這四百美元確保沒有害他們損失。在印度，這算是一筆不少的錢，況且我對楊吉還是存有一絲感謝，我相信一定是他說服高星撕毀那些簽帳單。離開印度前，我請他幫我最後一次忙。

「如果只是一場騙局，我不需要趕往巴黎去索取那些古董畫，請寄這張明信片給我。」我拿給他一張已蓋好郵戳，上頭有我的名字和在葉門薩那中央郵局地址的明信片。「到時我不會在國內，也不會給你們造成麻煩。」

09

土耳其咖啡帝國

咖啡應該像地獄般黝黑、
死亡般強烈、愛情般甜美。
——土耳其諺語

土耳其·孔亞 (Konya)
→伊斯坦堡 (Istanbul)

伊斯坦堡

孔亞

旋轉舞與咖啡

在薩那收到的明信片就是楊吉寄的。他寫信告訴我，我們的「生意」已經按原訂計畫進行。我必須跑巴黎一趟，土耳其的香料之旅就泡湯了。

當我飛過阿拉伯半島，雖然有足夠的理由不用到巴黎，但我還是感到非常愧疚。我原本要走四到十世紀運送咖啡的路線，但坐飛機經過的感覺完全不一樣。為了彌補這個缺失，我試著想像自己曾是當年的咖啡運輸者，拖著沉重的步伐走過沙漠，與他們一樣承受酷熱與飢渴。我曾試著尋找以前用來當路標的石頭，至今還排在葉門到摩卡的路上，還曾想像飛機上的咖啡是純的黑咖啡，而空姐則是咖啡奴。

飛機降落時，遇上土耳其十幾年來最嚴重的暴風雨。下飛機後，我搭火車到孔亞（Konya）的小鎮。約一小時後，我又搭前往市中心的公車。雨很大，從車上很難清楚看到外面景象，又過了二十分鐘，我直覺應該下車了。付車費時因語言不通，我乾脆翻開皮夾要司機助手自取所需費用。一開始他覺好笑，但還是拿走該拿的車費。之後他跳出車外，抓住我的肩膀，輕輕的推我一把。

冰冷的雨下著，行李都被泥土覆蓋，但沒有人來找我麻煩。土耳其人的禮貌讓我驚訝，我本來預期會像電影《午夜快車》（*Midnight Express*）的劇情，碰到會糾纏旅客的女人，結果碰到的卻是很有禮貌的小姐。我記得，當飛機順利降落伊茲米爾（Izmir），全飛機的人還鼓掌叫好。唯一掃興的是，機上一位乘客跟我說，孔亞的旅

館非常少，搞不好會淪落到監獄過夜。

「我的朋友，你要去哪？」

一個身穿皮衣的年輕男子擋住我的路。我向他說我迷路了。他帶我到一棟都是尿騷味的老建築，之後又有人帶我到一間有燒柴火爐灶的房間。那人說要一百萬里拉。一百萬？我睡眼惺忪的想一下，發現那才相當於五美元。心想總比睡監獄好，我往粗硬的羊毛被躺下，不久就睡著了。

無論法國人、荷蘭人還是衣索匹亞人，都標榜自己是最愛喝咖啡的使者，但我認為土耳其人才是真正會喝咖啡的人。在摩卡港興盛時期，正是由土耳其人控制。當時有一位土耳其大使將咖啡介紹給法國人，後來土耳其士兵又在維也納的城門遺棄一袋咖啡，土耳其商人也讓亞得里亞海岸（Adriatic Coast）的居民愛上咖啡。

我來孔亞的目的是研究蘇菲神秘教（Sufi mystics）信徒。如果咖啡是葉門神秘教人發現，那麼將咖啡帶進北非與中東就是土耳其神秘教人士。孔亞是另一支神秘教梅烏拉那（Mevlana）最重要聚集地，梅烏拉那是以旋轉托缽僧（Whirling Dervishes）聞名，因為他們會在祭拜儀式中享用一壺咖啡，然後在原地旋轉一小時，藉以達到宗教迷狂目的。我到孔亞那星期，他們剛好舉辦盛大慶祝活動，他們叫做「新婚之夜」，這個節日是為了紀念七百年前神秘教創辦人逝世紀念日。

午睡後，對於前晚發生的事我已經沒有印象了，隱約記得孔亞的高原是一片無邊無際的綠地。我完全沒有下車走進旅館的印象。

我在床上發現一張名片，上面寫著：「一級棒！優質！廉價！阿塔圖克購物中心。土耳其地毯！」

哦！我記起來了。名片是把我帶到旅館的男孩給的，地毯店就是他們家開的。起床後我決定先去吃中飯。

「嗨！我的朋友！你昨晚睡得如何？」

才走出來，就遇到一個男子。我皺一下眉頭，心想，他怎麼知道我昨晚在這裡過夜？

「我叫阿穆德，你要到我店裡喝杯茶嗎？就在附近。」

「哦！是嗎……你家開地毯店，是吧？」我問他。

「沒錯！可是我不推銷！因為錢並不是一切！」

「我們的想法真是一致。」我把手放在那男子的肩上，告訴他：「因為你一定要知道，我對買地毯完全沒興趣。」

「當然！沒問題！」他試著脫離我的手掌。

我把他抓得更用力，「不，不！我很樂意過去聊聊，喝杯茶。可是我不買地毯喔！」

「是的，是的……」

「我也不買禱告用的地毯。」

「沒關係……」

「也不買披肩。」

「放心，我不會賣你披肩！」

「所以我已經講得很明白了，你也清楚我的意思，對吧？」

「是的，是的！不用買披肩，來吧！」

結果我與另一位中年男子一起喝茶，這才發現他才是店老闆。

我們聊了他的生意（很差！），然後又聊到天氣（很糟！），他顯得有些憂慮，所以我跟他談到紐約的生活。我向他說，那裡的人都會攜帶槍枝，而且很多是毒癮者，吃飯時突然有人闖進搶劫也是常有的事。

他不以為然的搖著頭，說：「觀光客照樣去嗎？」

「我不會建議啦！紐約市實在是很危險的都市，物價又高。」

這時一個男孩端著茶壺走進來。

他問：「紐約一杯茶要多少錢？」

「三百里拉！」我回答，等於一·二五美元，「你們為什麼要喝茶？我還以為土耳其人都喝咖啡。」

「過去可能是啦，可是現在我們都喝茶。這是我們的文化。土耳其現在已經是現代化國家了。」他悲哀的搖搖頭。

「沒錯，這有可能發生。可是你知道嗎？據我所知，以前在鄂圖曼時代，婦女的丈夫如果提供的咖啡豆不夠多，她可以跟他離婚。你知道這件事嗎？」

「咖啡豆？」

「沒錯，就是……」我用手比一比。

他看起來有些不悅，「我知道，我知道。不過那是我聽過最荒謬的事。」說完他就轉身不理我。我離開時，他連頭都沒有抬起來。我問阿穆德，為什麼他的老闆會對我關於咖啡豆的問題這麼反感。

「咖啡豆？」他聳聳肩，「誰知道？噢，我的朋友，請聽我說，我發現有一個法國女孩在你旅館房間。」

「真的嗎？」

「是的，我是說真的！你會幫我抓到她吧？」他把手放在我肩

膀上，「請你幫我把她抓起來，然後帶她到我的地毯店好嗎？我們一起來抓她！」

「但我會讓她知道你在找她，」我很老實的跟他說：「我要去哪兒看旋轉托缽僧呢？」

「如果你要買票，必須到Istadyum。」

「Istadyum？」我問：「那是什麼地方？」

「Istadyum！」他又說一遍，並以雙手做投籃姿勢，「Istadyum！就是體育館、投籃球的地方。」

我心想，難道旋轉托缽僧就是在體育館的籃球場舉行拜神儀式？剛開始我還以為是給觀光客參觀的表演，後來才知道這種場地是政府唯一批准可以進行儀式的地方。自從九〇年代初始，土耳其共和國的國父凱末爾（Mustafa Kemal Atatürk）將鄂圖曼帝國推翻時，旋轉托缽僧的儀式就已經被禁止。凱末爾施政後第一件想做的，就是去除所有關於鄂圖曼的事情。他重編土耳其語、嚴禁留鬍子，將週末休息日從伊斯蘭的星期五改到星期天。由於旋轉托缽僧教與鄂圖曼帝國有密切關係，所以凱末爾就禁止他們的拜神儀式，而且限制他們在孔亞只能舉行一年一次的「民族舞蹈節」。

知道這件事後，回想我在旋轉托缽僧博物館前發生的事，才明白是怎麼回事。此時有一位帶著黑面紗的老婦人，跪在博物館前祈禱讚美神，不久有兩位警衛過來把她拉起，經過一番爭執後他們讓她進入博物館，有一位便衣警衛一路跟隨她，不時拉扯她的面紗或對她叱責，最後那位老婦人用力把一樣東西塞入警衛手裡，警衛就走開了。我瞥見那個東西就是土耳其貨幣。

我看到一群人在一個裝飾華麗的棺木前朝拜，棺木的一端擺著一個高四呎的頭巾。頭巾就是這個門派創始人所持有。在西方社會，我們稱他是詩人魯米（Rumi）。頭巾與裝著他遺體的棺木被認為具有神奇力量。這座博物館其實是清真寺，土耳其最神聖的地方之一，要朝拜的人必須用錢收買那裡的警衛，那些警衛是為了防止其他宗教活動而被派遣到那站崗。

　　這些都是很敏感的話題，尤其當土耳其伊斯蘭的右派持續擴大時期。那晚我去參觀他們的「民俗舞蹈」演出，目錄上寫著鄂圖曼帝國被推翻後，凱末爾來拜訪魯米的墓，並宣告：「在墓穴裡的龐大工藝品，需要一座博物館珍藏。」目錄中並沒有提到這個宗教被禁止，或是被禁之後的緊張氣氛。要去參觀這場表演的人都會被搜身，這是為了防止有人攜帶武器入場鬧事。

土耳其傳統咖啡廳，其華麗風格曾影響歐洲咖啡館裝飾文化。

我不清楚美國籃球是否在土耳其受歡迎，但那晚的場地簡直像是置身美國籃球場，連天花板都掛著巨大可口可樂廣告旗幟，唯一差別就是坐在北端戴著頭巾的交響樂團。整個場地坐滿人，才剛坐下，燈光便暗下來，接著傳來一陣笛子獨奏。粉紅色的燈光籠罩在一位穿著西裝的男子身上，他開始唱歌，那是我聽過最長的歌曲，既熱情又平易近人，一切都像在拉斯維加斯的表演，無論是他的動作、西裝，或是無線麥克風都很新潮。此時，我發現正在看的並不是傳統蘇菲教的咖啡儀式。他們用這首歌代替以前托缽僧對咖啡的呼喊與讚美，他們會一邊唱歌一邊從祭司手中接過咖啡，接著就是達到陶醉在咖啡氣氛中的最高點。藉由咖啡，可以讓儀式持續一整晚。十八世紀的路卡斯（H.C. Lukas）曾在《托缽僧之城》（*The City of the Dervishes*）中記載：

1950年代土耳其咖啡屋說書人。

　　低階的托缽僧會從紅色咖啡壺取出咖啡，祭司會親自將杯子遞給他們，他們一邊喝咖啡，一邊讚美神：「阿拉，請幫助我們！」然後搖擺身體。

　　他們會越來越激動，會越叫越大聲，身體越搖越厲害，慢慢的，他們的呼聲會變成：「除了神以外

沒有其他靈魂！」最後又會變成「喔，神啊！」猶如「咆哮托鉢僧」（Naqshbandi），這群人會讓自己藉由這種叫喊聲達到儀式最高峰，有些人甚至會用刀劍自殘。

早期的蘇菲神秘教信徒認為，咖啡的重要性不只是在儀式剛開始以手傳咖啡壺的時候（伊斯蘭教認為這個動作是促進情緒亢奮的儀式），它更深層的意義在於容器的顏色。所有的手抄本都記載相關訊息，祭司在儀式上使用的咖啡是裝在紅色的容器裡。對托鉢僧來說，紅色具有重要意義，代表與神的結合，而托鉢僧也相信這個顏色可以立於「靈界的門檻」上。我現在正在觀賞的儀式中，祭司會坐在一張紅色的毛皮上面，藉著毛皮，就可以使祭司成為波斯詩人魯米的象徵。因為咖啡是自己親手從儀式用的紅色容器取出，所以被認為是絕對神聖，可作為與超越現實者結合的用品（有些蘇菲神秘教團體會配合使用印度大麻做成的麻醉物品）。

長達四十五分鐘的祈禱歌，有十二位披著黑色披肩且頭戴黑色土耳其帽的男子，一步步走到台上，原來他們就是所謂的托鉢僧。當

鄂圖曼土耳其帝國後宮（Harem）王妃飲用咖啡景況。

托缽僧來到祭司面前，會一起跟隨音樂行禮。祭司對著托缽僧，托缽僧對著祭司，最後托缽僧對著托缽僧。接下來就是一陣子沉寂。托缽僧將他們的黑色披肩脫去，披肩裡穿的是全白的背心與長裙。他們開始在台上起舞，跳到祭司面前時，在祭司的臉頰上親吻一下，然後跑到舞台中央開始旋轉。這時，舞台上的男士都掛著微笑，他們的白裙因為旋轉而盤繞鼓起，他們的旋轉看來似乎很輕鬆。

旋轉二十分鐘之後，托缽僧停下來，又從頭行禮親吻一遍。整個過程重複四次，每次的旋轉過程都可以使他們從一個階段昇華到另一個階段。到最後一次時，托缽僧就成為天上旋轉的星星，表示對《可蘭經》的敬意：「無論在天上或地上的東西，都可以喚起神的眷顧。」

這個儀式很顯然不是設計給人觀賞的，我從興致勃勃看到無聊至極，最後到類似催眠恍惚狀態。這項傳統儀式會持續到黎明，有些派別的神職人員為了表現儀式的神力，還會彼此用刀互砍，更有些人會呼天喊地的瘋狂叫喊。不過，當晚的儀式為了顧慮觀眾的耐性，托缽僧只花三小時就完成整個儀式活動。儀式結束時，托缽僧穿上他們的長袍，表示再度回到人間。最後有一個矮小鷹勾鼻的男子，也就是整晚都沉默無語的祭司終於開口說話。

他讀一段《可蘭經》讚美詩。此時全場一千五百多位「喜好民俗舞蹈」的人都起立跟著讚頌：

土耳其孔亞當地的旋轉舞儀式。儀式的每一步驟都具象徵性，托缽僧的黑色披肩代表他們的墓，而白色衣物是壽衣，土耳其帽（凱末爾規定禁戴）則是墓碑象徵。儀式剛開始的蘆笛音樂是敘述一枝蘆葦想要回到蘆葦草叢，就像一個人的靈魂渴望回到超越現存者的身邊。

　　東西兩方都屬於神的領域，

　　四面八方迴轉都可以感應神的存在，

　　祂是萬能的、全知的。

香料市集中的催情咖啡

許多人勸我不要搭乘從肯亞往伊斯坦堡的夜間火車，他們說這班火車比坐公車多花兩倍時間（胡說），而且不安全（亂講）又很悶熱，曾熱到乘客的衣服都著火（這倒是真的）。這是1920年代的火車，裡面的椅子確實有一股奇特味道，日夜照著使人臉色看起來像死人的土耳其日光燈。火車到達伊斯坦堡時，我已經感受像個活死人。隔天，我必須從火車站轉乘輪船，才能到達目的地。

伊斯坦堡岸上有巨大的清真寺守護海邊，清真寺的周圍圍繞著回教寺的尖塔。岸上右方，雖然下雪仍然可以看到伊斯坦堡曾經風光的城牆，現在已倒塌的殘跡，雖然已成廢墟，卻還是高聳。岸上的左方，則是鄂圖曼帝國的城堡。整個地方黑暗、沉重、輪船行駛過博斯普魯斯陰鬱的海岸時，我突然莫名其妙的湧上一陣憂傷。

咖啡是在鄂圖曼帝國最強大時期被引進這裡的。大約在1555年，有兩個敘利亞人哈克姆（Hakm）與夏姆斯（Shams）合開一家咖啡館。其實在伊朗等地，早已有許多家咖啡館，可是只有在伊斯坦堡的咖啡屋才真正具有地方世俗風味。在這裡，沒有故弄玄虛的宗教目的，男子多半躺著抽菸、品嚐咖啡。有些咖啡館提供詩文朗誦，有些更有布偶戲表演或女歌手駐唱，但這裡的咖啡館最大用途是提供三姑六婆七嘴八舌、道人長短。就算是喜好品嚐咖啡的學者，最後都被無聊的笑話與誇張的故事取代。

「咖啡館裡到處是學者，或虛偽的神秘教信徒，以及無所事事的人……大家擠到沒有位子可坐，人人都說沒有其他地方可以像咖

啡館可供消遣、休息。」

為了博取客人歡心，伊斯坦堡的咖啡屋還提供特製咖啡，也就是在咖啡裡放入混合七種藥物與香料的調味品，包括黑胡椒、鴉片及番紅花。附贈的小點心包括蜂蜜小蛋糕，和一種由碎肉、大麻與菸草混合釀製而成的東西，可以用於抽水煙筒的材料，也可放到咖啡裡攪拌，它會產生一種伊斯蘭的迷幻藥。一位著名的鄂圖曼作家色利比（Katip Celebi）曾這麼寫：「這是上天賦予生者的物品……上癮者為此犧牲都值得。」

在當時，性愛仍是邪惡的選擇。根據十七世紀英國旅行家喬治・仙迪斯（George Sandys）記載，這裡的咖啡館其實是妓院，裡面有「許多美麗的男孩，他們是來當男妓娛樂客人。」鄂圖曼的道德家形容咖啡館是「使人去做那些令人厭惡的事情的一個洞窟……那裡的年輕人都標示著他們對慾望的無限熱衷。」為了提高他們的性趣，有錢的土耳其人會將杯子覆蓋在燃燒「沒藥」的炭火盆裡悶燒，這也是貝都因族（Bedouin）的女人在作愛前會將陰部薰香的傳統技巧。其他人則會喝三十多杯具有催情成份的龍涎香

土耳其伊斯坦堡舊城區的香料市集。

（ambergris）。關於這點，愛德華・雷恩（Edward Lane）曾在1863寫的《現代埃及人》書中寫道：「最普遍的方式，是先將一克拉龍涎香放在咖啡壺裡，然後放在火爐上溶化，再用另一個咖啡壺煮咖啡。要喝的人可以放一些在咖啡杯裡，再將煮好的咖啡沖進去。一般來說，一克拉龍涎香大約可以使用二到三禮拜。」

我對這種東西非常感興趣，想親自查清楚。問過幾家現代土耳其咖啡店後，我發現這種催淫性咖啡已是陳年往事了（你要「愛的咖啡」嗎？）。因此我前往伊斯坦堡的香料雜貨市場，以前曾經是博斯普魯斯堤防的清真寺，如今已變成販售鸚鵡飼料的地方。因為剛從較為原始的葉門市場過來，所以伊斯坦堡的雜貨市場就顯得很現代化。最大的差異就是人行道，葉門的道路是由粗糙碎石鋪設而成，而土耳其卻是柏油路，很平坦。在葉門的市場設有隔間的小攤位，可以避免造成街道髒亂；在伊斯坦堡，由於沒有隔間，貨物都需要各別包裝。就連這兩個地方的商人都不同。碰到葉門的咖啡商人時，你能從他身上聞到咖啡香味，而土耳其的商人則是一身銅臭味。

不過，土耳其的商人會說英語。

「是的，是的！我當然會說英語。我還會說德語、法語。」

我接著問他：「你會說西班牙語？」

我之所以會這麼問，是因為我發現雖然伊斯坦堡的商人都自稱會講德語，但這個香料市集的商人卻都講西班牙語。

店主說：「這些都是狗屁！還不都是因為商業競爭！只要有一家店說有西班牙語服務，其他商店也會跟著這樣說。」

我問他有沒有龍涎香。他聽後有些迷惑不懂，於是找來一個英語較流利的男孩，可是男孩說他從來沒聽過那種東西，「用來做什麼？」

　　「它是一種催情劑，作愛時用的。」

　　「喔，作愛用的！」他從櫃子裡拿一個瓶子下來。瓶子上貼著一張粉紅色心形紙片，上面印有肌肉結實的猛男照片，「這個東西比那個好。」

　　「這是不是龍涎香？我知道以前的人常用龍涎香配著咖啡喝……」

　　男子搖搖頭說：「那是老舊的東西，這一種是有科學根據的。土耳其人都是用這一種。你拜訪過土耳其家庭嗎？一般用很多，平常家裡不只放一兩瓶，而是三四瓶！他們每天都服用兩湯匙。這一瓶算是大瓶的，適合全家使用。請問你有家庭嗎？」

　　「沒有。」我回答後就指著瓶蓋上勃起的非洲人像說：「這好像真的不錯，而且你看，材料中還有琥珀成份呢！」

　　他說：「喔，這裡面的寶貝多著呢！總共有十七種材料。這是蘇丹國王的處方。」

　　「真的嗎？」

　　「這就是為什麼我說這是最好的。蘇丹國王擁有龐大的家庭，他有三百多個妻子！」他邊說邊興奮的揮舞雙手，「你去過托普卡匹皇宮（Topkapi Palace）嗎？蘇丹國王有他自己的工廠，用來製造最頂級、最新鮮的……怎麼說呢？激情藥丸。有專門製作給男人的工廠，也有專門製作給女人的工廠，不錯，兩種都有。」

我買了一瓶，又問道：「你們沒有賣一種可以加到咖啡裡的『琥珀』嗎？」

　　「加到咖啡裡的『琥珀』？」他彈了指頭說：「你要的應該不是琥珀，而是魚裡面的『anbar』。」（琥珀的英文「Amber」與「anbar」發音相似）原來如此。我忘了阿拉伯語的「anbar」就是英語的「ambergris」（龍涎香），所以才會搞錯。

　　「龍涎香」來自食用深海巨大魷魚的抹香鯨。這種黑色、有臭味的分泌物接觸空氣，會凝結成類似樹脂的材料。這種材料的味道很重，只要滴一滴在紙上，即使過四十年，那個味道依然存在，而且感覺新鮮。通常可以在荒蕪人跡的海灘找到，土耳其人視為寶物。尋獲的人如果沒有交給蘇丹國王，有可能被處以死刑。可是沒有人知道它來自何方，中國人稱他為「龍涎香」，因為他們認為是睡在海邊的龍所流的口水。[1]

　　現在為了保護鯨魚，龍涎香已被列為禁品，可是這個青年男子不知從哪裡弄來一塊，約有M&M巧克力大小、顏色深暗，又有一點黏稠。我們在附近一家咖啡廳買一杯咖啡，倒了一些喝，松露的氣味很重，令人感到溫暖、香濃又有興奮的感覺，難怪會被認為是可以促進性能力的物品。

　　我再次提問鄂圖曼的習俗：如果丈夫無法提供足夠的咖啡豆，女方就有權利要求離婚。結果我得到另一種答案。

　　男孩說：「朋友，我想這個問題應該是翻譯上的問題。那就是

---

1. 另外一種催情劑是來自中美洲的圓豆咖啡，叫做 caraciol。

豆，所謂沒有足夠的豆！」他抓著自己的睪丸說：「這兩個也叫豆。如果不夠強壯，那就要服用這個囉！」他拍了蘇丹國王的藥罐子。

蘇丹二世（Sultan Mehmed II）在1459年開始建造托普卡匹皇宮。

咖啡，無論有否添加龍涎香，可以促進性能力的想法其實不完全正確。咖啡不會影響男女的性能力，可是當精子接觸到咖啡因時便會游的比較快，所以也比較容易受精，讓人以為這個男人的「豆」比較厲害。奇怪的是，鄂圖曼人的想法剛好與當時的醫學根據相反。有種理論說，咖啡是一種「燥」的要素，它會把體內的液體吸乾，尤其是男人的精子。根據另一位學者賽門・波利（Simon Paulli）的說法，咖啡會使男人不孕而絕子絕孫。有些人認為，咖啡上癮者會造成尿失禁而至死亡。一本宗教小冊子記載：「喝咖啡的人身體健康會每況愈下，到最後會消瘦到不成人形。」十六世紀晚期，馬賽醫學院的醫生曾宣稱，咖啡中的「灰燼」會使人的身體脫水，尤其會使中樞神經「乾燥……進而造成虛脫、衰弱與性無能。」

倫敦女子若發現男子的氣概慢慢消逝，這是極為嚴重的事情。到了1670年，倫敦到處都是咖啡屋。當這種醫學報導變得普遍時，有一群女性寫了請願書向倫敦市長請願，希望能夠嚴禁來自該

托普卡匹皇宮內部，皇室廳（Imperial Hall）一景。

地區的咖啡，以確保她們的性生活美滿。這封長達七頁的請願書提出許多強有力的理由。上面寫著，英國的紳士「是基督教裡最有性能力……他們維持八百多年後代子孫。」他們勇猛的性能力卻因為咖啡的出現而開始變差，「惡劣的咖啡使他們除了鼻涕以外全身都乾枯，除了關節以外沒有其他部位可以硬起來。」

更完整的摘錄如下：

這是由一千多名婦女發起的一封謙卑請願函……

我們榮耀崇高的祖國，被認為是女性的天堂，可是，我們同時也面臨難以說出口的悲情。我們發現，曾經英勇的男士現在看似威武，其實只不過是一些脆弱不堪的公雞、麻雀。我們將這歸咎於有害的咖啡。咖啡不但衰弱大自然賦予的力量，而且會讓他們更暴躁。男士的腦筋越來越不清楚，否則他們怎麼會將大把鈔票花在又黑又濃，既難入口又令人討厭、苦澀、發臭、噁心，又像水坑裡的泥水呢（亦稱笨人湯和土耳其稀飯）？他們甚至把該給孩子買麵包的錢，花在這種索然無味的飲料。

所以我們請求市長下禁令，禁止六十歲以下的人喝咖啡，並推薦啤酒與加味麥酒（Cock Ale）[2] 作為一般用途……好讓我們的丈夫可以再度證明他們是真正的男人，而不只是留鬍子就算數。同時也可以避免妻子偷偷使用人造陰莖，或是陷於紅杏

---

2. 加味麥酒的做法是將一隻公雞放入正在發酵的啤酒裡，據說喝了可以增強性功能。

出牆的窘境。

為了榮耀輝煌的改革！

倫敦，1674

10._

戰爭與咖啡的傳播

土耳其人認為，
不提供咖啡給妻子，可以構成離婚的正當理由。
——威廉·尤克斯（Williams H. Ukers）

土耳其伊斯坦堡（Istanbul）
→奧地利維也納（Vienna）

維也納

伊斯坦堡

嚴禁咖啡的蘇丹王

通常我是不用導遊的，可是當我踏進伊斯坦堡的托普卡匹皇宮，一位自稱羅傑的人立刻黏上我，讓我無法拒絕。羅傑有某種令人好奇的滑稽特性，讓人不禁懷疑他是令人厭煩、有趣，還是在騙吃騙喝？他的個子矮小，聲音像塑膠玩具小鴨發出的叫聲。

根據羅傑的說法，托普卡匹皇宮是土耳其鄂圖曼帝國時代蘇丹王（Ottoman Sultan）的家，內部已裝修現代設備，包括熱地板、室內與室外游泳池、小溪旁植物景觀，當然還有被閹割的守衛（太監）。托普卡匹皇宮內有十五間廚房，現在已規劃為烹飪博物館，介紹現代咖啡杯的由來；因為伊斯蘭上流階層接受咖啡飲料，因而生產各種咖啡杯。當初土耳其人喝咖啡的容器與衣索匹亞人一樣，是沒有手把、像雞蛋大的小碗。有人幫蘇丹王設計杯托，樣子像一個蛋杯，名叫「zarf」。托普卡匹皇宮的烹飪博物館，有許多用黃金與鑽石鑲成的杯托樣品，這些都是平時生活使用的器具。經過一段時間，土耳其人會在杯托上加一根小握柄，最後不知哪位聰明人就在咖啡杯子邊加上手把，廢除原有杯托的型式，這就是現代小咖啡杯的由來。

土耳其人煮咖啡的技巧可與衣索匹亞人相呼應，他們也是用一個鍋子煮咖啡，為了友誼，需要喝三杯。土耳其的煮法是將咖啡豆研磨後加水和糖快速沸騰，滾過三次後與咖啡渣滓一起倒進小小咖啡杯裡。如果有客人在，很重要的是要為他們加上很多 wesh[1] 或 crema[2]，這樣就可以升級為較體面的濃縮咖啡。之後，主人應將

渣滓從茶碟中倒出，並以此幫客人算命。根據蕾菈‧哈奴（Leila Hanoum）記載，蘇丹王的咖啡儀式更是複雜。

羅傑覺得這些很無聊。

他帶我去看一群馬來西亞的回教徒，他們穿著白色的運動服裝，聚集在一個看起來很老舊的毯子旁邊。羅傑說：「這才是最重要的！這是穆罕默德的鬍子。」

我並不是要對預言者的鬍子不敬（但願它可以長得更長），可是我確實對蘇丹國王的後宮閨房蠻有興趣的，共有兩百多間房。照理，除了蘇丹王應該沒有其他男人進去過才對，可是我後來發現完全不是這回事。

「這是黑種閹人睡覺的地方。」羅傑解釋。我們走進一整排房間。「睡在外面的是白皮膚的閹人，只有黑皮膚可進去。」

「是的！」我還沒問，他就繼續說：「這是有充份理由的。這樣做是因為有時手術沒有完全成功。」

「不好意思，你指的是哪一種手術？」我問。

他眨眨眼，說：「就是為了移除那個東西啊，男人的性器官啦！有時如果手術沒弄好，閹人還是可以讓女人懷孕。」

「你是說他們有些人沒切掉？」我又問。

「或許吧。所以為什麼黑皮膚的可以進入後宮，如果生下的孩子是黑人臉孔就不是蘇丹王的種。一看就知道了。」

---

1. 見第二章，註釋1。
2. crema 是咖啡表面形成的油脂泡沫，與其相近的是香粉精（Cream of the Fragrant Dust），是一種快速攪拌茶粉時產生的細小氣泡。

蘇丹王穆拉德四世（左圖）。為了杜絕人民討論帝國制度、批評施政，他執政期間嚴禁咖啡，掃除伊斯坦堡咖啡館。

這說法讓我很佩服：「我還沒想到呢！」

羅傑嘲弄似的看我一眼後說，這就是為什麼蘇丹王就是蘇丹王，而你只是一名觀光客。

蘇丹王的後宮曾經發生許多事，譬如妻子們互相毒死孩子，或兒子叫人把母親掐死、兄弟互相把眼珠子挖出來。在這裡比較特殊的，是一個稱作「籠子」的地方，裡面隔成四間小房間，是用來軟禁蘇丹王其他兄弟的地方。這是為了預防爭奪王位的慘劇發生，比起傳統做法，也就是當蘇丹王要登基時，就將其他兄弟全都謀殺，算是比較有人性的。

最惡毒的蘇丹王是討厭咖啡的穆拉德四世（Murad IV）。他出生於1612年，十一歲成為蘇丹王，二十歲已經處死五百多名士兵，

接著又謀殺兩個兄弟，只留第三個活口，因為母親說服他，這個弟弟笨到不可能與他爭奪王位。穆拉德因為處決一群在公共場合唱歌的女性（因為干擾寧靜），因此被封「易怒的」國王。又聽說，他比較喜歡砍脖子粗的男人。

穆拉德經常微服暗訪，在城裡查看是否有叛徒。1633年一個晚上，穆拉德和他的大臣打扮成平民，在黑暗的道路上行走。穆拉德是個酒鬼，他第一個拜訪的地方就是酒館。根據十八世紀英國旅行家約翰·艾理斯（John Ellis）記載：「穆拉德發現一群喝醉酒的人正在唱情歌。」接下來，他走到伊斯坦堡裡一間咖啡館，「他觀察到許多有智慧、嚴肅的人士正在認真討論帝國制度，批評施政。」穆拉德聽了他們的談話後，便悄悄的返回皇宮。

不久，穆拉德嚴禁咖啡。伊斯坦堡的咖啡館全被夷為平地，抓到在喝咖啡的人也被毒打一頓，如果再被逮會被裝入皮革袋丟到河裡。此外，載運咖啡的船也會被擊沉。穆拉德說，咖啡館容易引起火災，其實他擔心的是咖啡館提供可以談論政治的場所，深怕會引起反對政府行動。穆拉德的反咖啡政策與早期不同，它是第一個非宗教性的鎮壓，也可能是第一個有政治考量的反對政策，唯恐咖啡會影響人民思想。穆拉德也討厭水煙筒，土耳其人會邊抽水煙筒邊喝咖啡。根據一些外國遊客的說法，穆拉德開始帶著他的劊子手到街上遊訪，看到有人喝咖啡或抽水煙筒就立刻砍頭。[3]

---

3. 十七世紀前，穆拉德曾被英國的咖啡店「Ye Great Coffee House」加封滑稽榮譽，並在店裡發行的咖啡代幣上刻穆拉德頭像。這些咖啡代幣是私人貨幣最早例子之一，在咖啡店附近社區被用來當現金，直到政府嚴禁為止。

現代作家尼可羅‧康堤（Nicolo di'Conti）曾經提到：「凡是穆拉德王到過的地方，總是會有恐怖的處死事件。即使在戰場，他也會突擊檢查士兵是否有抽菸或喝咖啡，被抓到的人不是被砍頭，就是手腳被輾碎。」還有人說，他喜歡欺凌正在吸菸的人，他會叫他們在伊斯坦堡街頭把水煙筒插在鼻子，然後親手把他們的頭砍掉。

雖然很誇張，但確實有約一萬到十萬人因為這項罪行而被處死，有好幾千人被砍斷手腳而成廢人。當時的伊斯蘭歷史學者形容，伊斯坦堡那幾十年的景象就是「咖啡館的荒涼，猶如人們心靈的乾涸。」酒館雖然禁賣咖啡，但是仍舊可以照常營業。

穆拉德因酒精中毒過世後，伊斯坦堡的咖啡館才又漸漸復出，可是損害已經造成。許多失意的咖啡商人多已出國尋找財路；不出十年，伊斯坦堡的咖啡館就出現在義大利、法國，以及奧地利等國。

由於穆拉德的暴力鎮壓，嚴重影響帝國社會秩序的恢復。當時鄂圖曼人已經鞏固東方的勢力範圍，轉而往羅馬尼亞與保加利亞開拓。在穆拉德去世不到三十年，他們已掌控全東歐國家了。1683年，他們前往當時西方世界最大的政治獨立自主體，哈布斯堡帝國（Habsburg Empire）的首都維也納。當他們抵達維也納城門時，第一件事就是將一個印有投降要求書的枕頭套，射入維也納的城牆，「我們是受命來此征服維也納的！」

他們要維也納投降，可是維也納拒絕了。之後，土耳其的三十萬大兵就在城門外搭起兩萬五千多個帳棚，準備在此度過夏天。

去過托普卡匹皇宮後第二天，我離開伊斯坦堡前往維也納，

那天是十二月二十三日。當車子彎彎曲曲、慢慢的駛離伊斯坦堡，我不斷的將臉龐靠近窗戶，看是否能在雪中看到什麼。那時天還亮著，可是不知不覺我就睡著了。隔天早上，雪下得比前一天小了，我可以清楚看到窗外鄉間景觀，裸露的樹枝與蕭條潮濕的大地，到處是初雪痕跡，在白天閃閃發亮，可是到了晚間卻呈現淺藍光芒。在熱帶地區已經生活一年的我，此時此景，使我感動得喜極而泣。

唯一的麻煩是車票上的日期印錯了。土耳其火車的車長很無奈的對我哼一句話，就趕我上車。但保加利亞人卻想以間諜罪名逮捕我，後來他們收了我的賄賂，才放我一馬。接著是羅馬尼亞的車長好像有意要整我，他每隔半小時便來要求看我的票根，一再的對我說：「不行啊，這張票不行啊！」很顯然，他是要我給他一點好處，可是我仍堅守原則，一天只行賄一次。

同車的朋友是羅馬尼亞人，他告訴我不用擔心，他說車長是「很羅馬尼亞風格的，他只是說說而已。」我還蠻喜歡這個羅馬尼亞人，他看起來酷似導演羅曼·波蘭斯基（Roman Polanski），他的皮鞋比我的還臭，最好的是他一句英文也不會說。說實在的，我也喜歡這個車長，他那官僚式的憤怒，外加那個小小的藍色車長帽子。同車的朋友說的對，當火車駛到山頭另一邊時，已經是聖誕節早晨；那時，我們三個非常愉快的坐在同一個車廂裡，分享我從土耳其帶來的橘子，車長煮了一壺濃烈的黑咖啡，味道甜蜜又可口。他將咖啡倒在一個沉重的瓷杯裡，上面印有飛奔的紅色羅馬尼亞鐵路系統商標。回到歐洲的感覺真好。

為了遠離塞爾維亞的戰爭，我計畫經由特蘭夕法尼亞（Transylvanian）到維也納。如果要形容我現在的遭遇，以下這句法國諺語是最恰當不過了：「無論客觀環境如何改變，最後的結果還是一樣。」今天剛好是基督徒強暴、謀殺回教徒的日子。在鄂圖曼帝國統治下，鄂圖曼人可以在這片土地上隨意徵募軍用奴隸，他們不但將男人帶走，還強迫女人充當後宮妻妾，小孩則被遺棄在外任憑挨餓受凍。這種行為與塞爾維亞的種族淨化暴行是相同的。

可是我沒看到類似情形。十二月二十五日深夜我抵達維也納，站在西邦霍夫（Westbahnhof）火車站前，卻見不到一個人影。我獨自一人在城中漫步一小時，城裡宏偉的古建築整齊且乾淨，不但維持非常好也清潔衛生，整個城內空空蕩蕩的，與土耳其、葉門或印度完全不一樣。維也納已是百年城市了，可是樣子卻像是昨天才剛建好似的。街道可說一塵不染，只看到無人的電車從街道開過，卻見不到半個人影，讓人不禁懷疑維也納是否已變成一座廢城。

鄂圖曼的軍隊包圍維也納的第二個月，整座城幾乎已變成廢墟，與現在夜深人靜空盪盪的情況很相似。只要可以逃走的人都已經逃光了，包括國王在內。維也納的人口也降到一萬七千人，開始鬧飢荒、瘟疫。此時，鄂圖曼土耳其軍團正在維也納城牆的地底挖掘秘密通道，並放置炸藥。

就在這時，一群約五萬人、多數是波蘭人的軍隊，正往維也納開過來，土耳其領袖卻毫不知情，他們萬萬沒想到維也納人知道他們在挖隧道，有部份要感謝一個名叫法蘭茲‧柯奇斯基（Franz Kolschitzky）的間諜。法蘭茲貌似土耳其人，曾在伊斯坦堡居住過。當維也納人知道土耳其人何時要炸開城牆時，法蘭茲就從敵軍

的防守線偷溜出來警告波蘭當局。

九月八日當天，土耳其軍隊炸開隧道，致使維也納城牆四處潰裂，接著土耳其軍隊蜂湧而入，維也納軍隊奮力守住城圍。到了傍晚，土耳其精英部隊做出最後攻擊，波蘭軍從附近山丘放了煙火，接著就衝下攻打土耳其士兵。三百年來，伊斯蘭帝國的擴張主義就此打住。

卡布奇諾源自維也納？

這次戰役除了使鄂圖曼帝國不再西征，也成為維也納咖啡歷史的轉捩點。當時土耳其軍隊逃走之後，留下兩萬五千多隻駱駝，駱駝身上掛著一包包神秘綠色豆子。維也納人一開始以為是駱駝飼料，但法蘭茲知道那是咖啡豆，當他被問到要什麼獎賞時，他指明要那一袋袋的豆子，打算在維也納開第一家咖啡館。之後，他認為維也納政府應該送他一棟房子，好讓他開設咖啡館。不久，他又要求開創事業的本錢，還有幾個奴隸當服務生。

「有些人認為法蘭茲不但是間諜、騙子，還是守財奴。不過，不管怎麼說，好聽的故事總是有其價值。」赫‧狄葛拉斯（Herr Diglas）是一位體型如西洋梨的咖啡館業者，也是維也納咖啡館協會主席，他興奮的說著。

維也納人非常注重食物的歷史，法蘭茲影響咖啡館誕生的議題，最近引發許多討論。認同的版本說，法蘭茲利用咖啡豆戰利品開設維也納第一家咖啡館，名為藍色瓶子。但也有人認為，當時的

1683年，維也納與鄂圖曼帝國戰爭景況。

間諜至少有半打，第一家正式的咖啡屋是由一名叫約翰尼斯‧狄達多（Johannes Diodato）所創始的。

不論故事的結果如何，重要的不是誰開了第一家咖啡屋，而是他們開了之後又做了什麼事。因為就在這裡，他們改掉把咖啡渣留在咖啡裡的土耳其傳統，不過這件事的來龍去脈早已無法追溯，我們只能猜測這是因為挑剔的維也納人，不喜歡在早上的咖啡杯裡看到不明的漂浮物。

根據狄葛拉斯的說法，維也納是在咖啡裡添加牛奶或奶精的創始地，不過這只是猜測。我們只知道這確實是歐洲人發明的，因為土耳其人或印度人認為，將牛奶與咖啡混合會造成痲瘋病。我們也知道，早期倫敦喝咖啡也是不加牛奶。只有義大利人與維也納人比較有可能，因為他們是歐洲大陸最早開始喝咖啡的兩個國家。[4] 狄葛拉斯指出，這兩個國家都有以牛奶為底的咖啡，兩者完全不同，

卻有相似的名稱：義大利的卡布奇諾（cappuccino），以及維也納的卡布吉諾（kapuziner）。

狄葛拉斯說：「至今仍有一些年齡較大的女士依然知道卡布吉諾。她們走進咖啡館大多會點這種飲料，而且很清楚知道要的是什麼：咖啡的顏色一定要像修道士長袍那樣的咖啡色。」他聳聳肩，說：「啊，我想我的服務生當中只有一人還知道那是什麼飲料吧，其他的服務生都太年輕了，早就不記得了……」

他叫了一個較年長的服務生過來，問他是否會作卡布吉諾，結果他不會。儘管典型的維也納咖啡館總是人潮洶湧，隨時都有人在喝咖啡、吃蛋糕，還是沒有人曉得如何製作這種飲料，況且他們是超過五、六十歲的資深服務生，每個人都會製作至少二十多種咖啡。

「這種咖啡沒有食譜，純粹只是靠顏色調製。你一定得知道它正確的顏色，加入牛奶的量要看咖啡豆的濃烈度而定。」狄葛拉斯說。

狄葛拉斯所講的修道士長袍，指的是天主教會另外一派卡布欽（Capuchin）派的修道士，沿用卡布吉諾與卡布奇諾的名字。卡布欽組織與咖啡的關係始於一個名叫阿西西（Assisi）的義大利村莊。大約1201年時，一位行為異常的喬凡尼（Giovanni）常裸著身體到處遊走，有時會跟鳥兒說話。如果是現在，他會被送進收容所，可是當時是中古時期，他反而被封為聖人，我們今天稱他是阿西西的聖方濟（St. Francis of Assisi）。

---

4. 開羅有一個1625年製成的蝕刻畫，上面顯示牛奶與咖啡的混合飲料，不過這種做法已經不存在了。

因為他的關係，宗教信仰開始快速崛起，同時也分裂成好幾個門派，但這幾派常互相攻擊。馬堤歐・巴西歐（Matteo da Bascio）就在這時出現，他是一位沉默寡言的聖方濟會的修道士，他尊敬聖方濟，對他安於貧困、養鳥，以及簡單生活方式都非常崇拜。有一天，聖方濟的靈魂來拜訪他，跟他抱怨聖方濟組織的墮落行為。引起馬堤歐注意的是聖人裝扮，因為他戴的是尖頂帽，而不是教會指定的方帽。憤怒的馬堤歐向梵蒂岡訴請戴尖頂帽的權利，教皇最後勉強同意了。聖方濟其他人士不喜歡馬堤歐那種咄咄逼人的態度，將他關進牢裡。由於馬堤歐堅持戴他那頂尖頂帽，聖方濟的人不肯放過他，整件事搞到最後還是由教皇出面解決，教皇幫馬堤歐創立一個獨立的教派，以免他再受其他聖方濟修道士干擾。

　　卡布欽教派就這樣誕生了，「cap」是帽子或兜帽的義大利文，與馬堤歐喜愛的尖頂帽息息相關，後來所指的卻是卡布奇諾上面的鮮奶油或是熱牛奶（或許我們應該稱它為光環？）但維也納卡布吉諾的由來，據說是因為當地一群很在乎潮流的修道士，希望飲料的顏色與他們褐色的長袍相配，所以他們在咖啡裡加了牛奶。我在維也納的卡布欽修道院問起這件事時，他們很不友善的趕我走。

　　「我們不是咖啡連鎖店，你懂嗎？」一位不耐煩的修道士激烈的說：「我們是一個宗教組織！」

　　卡布欽派的修道士為這件事感到不悅，因為他們認為卡布奇諾頂端的鮮奶油（或是熱牛奶），暗示卡布欽派的修道士全都是沒頭腦的。

　　對於那位修道士的激烈反應，狄葛拉斯解釋：「對維也納人來

說，卡布奇諾不是可以鬧著玩的話題。我們非常重視我們的咖啡。」

隔天我認識一位伯爵夫人，她也是這麼認為。

「你看，這麼珍貴的東西，你竟然大口大口喝，就像美國人用喝可樂的方式喝卡布奇諾。這是不對的！你要知道，這可是哈普士堡皇家（Royal Habsburg）的飲料，看你是怎麼喝的！」伯爵夫人甩著湯匙對著我的咖啡說教。看似骯髒的鮮奶油在灰色濃縮的咖啡中漂浮，已溶化的巧克力碎片還黏在杯口上。

我在「蒂摩咖啡館」（Café Demel）認識一位伯爵夫人，「伯爵夫人」是我封給她的綽號。蒂摩咖啡館是一家以卡布奇諾出名的咖啡館，號稱他們給客人本世紀初最早的咖啡喝法：在一個大銀盤上面放一杯濃烈咖啡，但不是濃縮咖啡，再加上一小碗巧克力碎片，以及一杓圓型鮮奶油。伯爵夫人對我喝卡布奇諾的方式實在看不下去，決定要教我正確的喝法。

「你們美國人都被吸管害死了！」她說。伯爵夫人看起來有點像維也納，雖然有點老但還是很美麗，至少還維持得很好，也很有錢，但有點惡毒，特別是那張嘴。她的雙脣好像塗上一層厚厚亮漆，脖子上掛著乳白色珍珠，在她那動物皮毛的領子裡，隱隱約約閃爍著光芒。

一位穿著黑色制服的服務生，端來一杯卡布奇諾，伯爵夫人便開始她的教學。首先，她將鮮奶油加入咖啡裡，把巧克力碎片輕輕的灑在咖啡上，她接著用湯匙優雅的比一下手勢說：「這才是喝咖啡的方法，」然後又以凶惡的表情用湯匙做了刺殺動作，「不是這樣！又不是在殺什麼東西，可不是嗎？」

卡拉‧穆斯塔法畫像。

先前我把鮮奶油用力的往咖啡裡倒進去,然後用力的攪拌,試圖要將鮮奶油與咖啡攪拌均勻。可是依據伯爵夫人的說法,應該是一邊讓鮮奶油在咖啡中慢慢溶化,一邊細心品嚐鮮奶油與巧克力碎片。當鮮奶油融入咖啡裡半吋深時,你才可以將浮在上面的那層鮮奶油撥開,才可以把杯子拿到你的唇邊。在這之前,無論任何情況都不能喝,連嘴唇都不可以碰到那層鮮奶油,要讓咖啡的精華透過那層鮮奶油吸取出來,然後才能在你的上顎留下傳統濃烈咖啡的香味。此時,發出輕微的啜飲聲是被允許的。

「等一切按部就班,而且鮮奶油也溶化了,我們才可以開始喝咖啡。咖啡杯裡的咖啡應該就是這樣的咖啡色,你看!第一個階段,當你嚐到卡布奇諾的鮮奶油時,可以比喻為童年:既甜美又清爽,而且沒有負擔的感覺;第二個階段則像是中年時期。」伯爵夫人停頓一下,又說:「我沒什麼話來比喻。最後階段則像老年時期,又黑又苦,可是懂得品嚐咖啡的人都會認為這個部份最好。」

我在維也納的最後一天,跑去參觀市立博物館,看到1683年土耳其帶兵攻打維也納的大臣肖像。

圖中,卡拉‧穆斯塔法(Kara Mustafa)看起來是一個焦慮而

肥胖的男子，完全看不出是一介暴君。話說回來，如果這張圖像是在他領軍回伊斯坦堡見蘇丹王時畫的，看起來當然比較懦弱無用。因為當時蘇丹王給他一個待之如狗的歡迎儀式，並在他家人面前絞死他，把他的頭顱製成標本。

鄂圖曼圍攻維也納的失敗，反而促使咖啡的傳播，並沒有因為維也納受圍困而停止。1670年，也就是在維也納被圍攻的前十年，全世界咖啡的材料已經在鄂圖曼帝國出現。那時的咖啡豆來自葉門，糖來自非洲。大約一百多年前，從土耳其偷盜出來的咖啡豆已經在新世界繁盛起來。到了1730年，連土耳其都已經有來自基督教國家的咖啡產品。

土耳其大臣的畫像旁邊，掛著一張古老的鄂圖曼旗子，整面旗子都為文字覆蓋，再加上紅色的新月圖。有趣的是，那個鄂圖曼新月圖也成為一種食物，同時代表他們的失敗。

1683年土耳其人攻打維也納時，有個叫做彼得‧溫德（Peter Wender）的麵包師傅在深夜做事時聽到很奇怪聲響，原來那是土耳其士兵在挖隧道的聲音，於是他趕緊通知市政府官員，並且做了新月型麵包（pfizer）來宣揚自己的功勞。當時利用麵包當宣傳是很普遍的。早在五十年前，瑞典國王古斯道夫‧阿道夫二世（Gustav Adolf II）攻打德國時，德國也是到處裝飾著印有阿道夫肖像的薑餅，把他塑造成吃孩子的妖怪。

土耳其被打敗之後，維也納開始把溫德的新月型麵包搭配咖啡當早餐。又過了一個世紀，十七歲的維也納公主瑪麗‧安東尼特（Marie Antoinette）嫁給法王路易十六，她堅持早餐要吃新月型麵

包，所以皇家的麵包師就開始學習如何製作新月型麵包，並在麵包裡加了奶油與酵母粉，但是法國女皇只能吃法國的食物，因此他們把新月型麵包改名為「可頌」（le croissant），其法文也是新月的意思。

　　從此法國誕生世上最政治的食物：從土耳其偷來的，搭配咖啡來嘲笑他們國旗的麵包。當幾千萬歐洲人吃完這份早餐後，不但無意間在一天的開始就紀念土耳其西征的失敗，也參與歐洲史上影響深遠的藥物革命儀式。

維也納的蒂摩咖啡館。

11

歐洲革命運動的推手

在一個中下階層聚集的咖啡屋裡，
我直接問道，哪一桌是背叛者？

——馬龍（Malone），1618年

奧地利維也納（Vienna）
→ 德國慕尼黑（Munich）

取代啤酒的「黑色吟釀」

其實，當土耳其人丟下這些咖啡豆時，咖啡已經小規模出現在維也納、倫敦、法國與荷蘭。第一個由歐洲人記載有關喝咖啡的紀錄是在 1615 年，可是就算最勇敢的美食者，也要等到十七世紀後半葉才開始習慣喝咖啡。

然而，你還得先習慣四百年前純樸、落後的歐洲社會。在那時，不但沒有書籍出版，也沒有電影，音樂也不怎麼悅耳，食物則更讓人不敢恭維……當時胡椒還沒有被發現，白鹽則稀罕珍貴，而砂糖也才剛亮相不久。非常像長時間過著乏味的週末，不是上教堂就是喝啤酒，可是歐洲人卻精明的把兩種結合起來。1660 年的巴黎有超過一百個宗教假日，每個假日的高潮都是當時非常流行的馬拉松飲酒比賽。「他們得先喝掉一半，然後一口氣把剩下的全部喝完，」一位德國人在 1599 年記載，「直到他們完全陷入昏迷狀態……會有兩個英雄脫穎而出，然後再繼續做最後的酒量比賽。」

有人說，喝酒可以提高社會地位，因此有句話說：「酒醉如大王。」敬酒就是用來顯耀自己很富有的方式。喝最多的那位將會得到獎賞，那就是浮在酒杯上的吐司（toasted bread，因為第一個字與敬酒同音）。作者把這些敬酒比賽視為慢性自殺，參加的人「有如瘋子般持續著，大家都搶著以對方健康的名義來敬酒……所以，如果一個人喝得爛醉後依舊安然無恙，他確實該為自己慶幸。」到了晚上，歐洲的城市到處可以看到醉漢「左右搖擺、前後晃動、四肢不穩、摔進泥地時，雙腳還攤得連馬車也穿得過去。」

啤酒不只是用在慶祝的場合，但以營養成份來說，還是麵包名列前茅。在那個時代，每個家庭主婦都會烘烤麵包，也會釀酒。「眾人靠這道飲料過日子，多過於靠食物。」普列克托瑪斯（Placutomus）曾於1551年如此描述。

　　啤酒裡混合一層厚厚的雞蛋再倒在麵包上，是最原始的大陸式早餐，一直到十八世紀中期，這種大陸式早餐在德國還是很受歡迎。由於溫熱的飲料比較罕見，而且當時的水質也較不衛生，所以許多工廠的員工早上都會有休息時間喝啤酒。一般他們都在早餐喝啤酒，午餐喝麥酒，晚餐則喝更強烈的黑麥酒，而每一餐之間也會隨意喝幾杯。一般的北歐人，包括婦女和小孩，平均每天喝三公升啤酒，差不多兩箱六罐裝啤酒，而且他們喝的啤酒酒精成份比一般的高很多。社會上較有權勢的人，譬如警察，還會喝更多。芬蘭的士兵每天可以分配五公升較烈的麥酒（大約七箱六罐裝啤酒，或四十罐啤酒的酒精成份）。在薩塞克斯郡（Sussex）的修道士，大概只有十二罐啤酒。

　　幾乎所有東西都含酒精成份，尤其是藥物。任何沒發酵過的東西在夏天都會壞掉，在冬天，啤酒會結冰，於是就可以生產比啤酒酒精成份還要高的烈酒。我們可以確定的是，私釀的烈酒一定不會被浪費，但糟糕的是，主要的營養來源唯一沒有酒精成份的麵包，則被認為很容易受到真菌類汙染，變成一種製造LSD（麥角酸二乙胺，一種迷幻藥）的基本原料。於是產生喝醉酒的醫生、醉醺醺的政治人物，還有酒後宿醉的將軍。接踵而來的就是瘟疫、飢荒，還有可怕的戰爭，再加上使用迷幻藥的教宗，這些都可以讓我們更了

解中世紀的基督教。

因此當馬丁路德在十六世紀中期推行天主教改革時，飲酒的問題就是改革的主要目標之一。追隨者有聖方濟修道會，他們印了最早的「酒精魔鬼」（Demon Alcohol）海報，那是一個有豬頭鳥爪的喝醉酒魔鬼，他們也禁止酒量比賽。

當時的社會對這項改革唯一有回應的組織，是由一群德國人組成的歐洲第一個自制聯盟，其會員都限制自己在一餐內最多只能喝七杯葡萄酒。除此之外，其他歐洲國家的人民，仍然如同往常持續著原來喝酒的習慣，醫生依然奉勸他們的病人應該讓自己喝得醉醺醺，至少一個月一次，以為這樣做有助於保持身心健康。在英國，大約有三分之一的農田專門種植大麥來釀製啤酒，而且每七棟建築就有一間是酒館。

馬丁路德的限酒計畫之所以失敗，是因為他沒有可以代替喝酒的建議。接下來就是 1640 年期間，鄂圖曼禁止咖啡的事件；在這之後十年，歐洲第一間咖啡屋才在英國牛津市開張。[1] 過不久，倫敦也開始出現咖啡店；就在此時，清教徒奪取議會控制權。

當誘人的葡萄隱藏的毒害

強暴整個世界

咖啡，這非常有益的酒精，浮現了

---

1. 牛津咖啡館是中東來的猶太人在 1650 年開設，倫敦第一家咖啡館是由巴斯瓜．羅賽（Pasqua Rosee）於 1652 年開設，與舊金山的 Pasqua 咖啡連鎖店同名，他的咖啡館如今已成為「牙買加客棧」（Jamaica Inn）小酒館。

挽救了腸胃，也把腦筋變得更靈活。

——匿名清教徒，1674 年

　　禁酒的清教徒熱切的將「黑酒」視為是上帝賜予代替啤酒的飲料。這種飲料比啤酒還好的地方是，它被認為有治療酒醉的功用。席爾維斯特‧杜浮（Sylvester Dufour）曾指出，咖啡「可以立刻讓喝醉酒的人恢復清醒，即使沒有喝醉的人喝了咖啡，馬上就會覺得精神好許多。」不用說，這當然是毫無根據的報導，雖然近年曾有相關化驗結果顯示，只要喝兩杯咖啡，就可以使身體裡的酒精成份減少0.04%，酒精在血液裡濃度的高低對人體有相對影響（0.01%的酒精已足以影響身體）。

　　根據當時情資人員所述，這種酒後引起的輕微頭昏，是當時歐洲面臨最大問題，尤其影響書記官的工作。根據歷史學家詹姆斯‧豪威爾（James Howell）的說法，隨著咖啡屋的增加，書記官不只變得清醒，就連早上喝酒休息時間也慢慢被替代。1652 年倫敦只有一家咖啡店，到了1700 年已經超過兩千家。

　　但咖啡與清教徒的結合，並沒有普及整個歐洲大陸。在十七世紀初期，主教甚至要求羅馬教皇禁止這種「惡魔吟釀」，只因為它是黑色的；而且蘇菲派教徒在儀式上也開始使用咖啡，所以咖啡被視為惡魔誤用的聖餐酒。可是教皇拒絕這個提議，因為他試一杯咖啡後還蠻喜歡的；不過，在英國的清教徒都已經改掉在早餐喝啤酒湯（beer-soup）習慣，但其後一百年，保守的天主教徒仍然保持早餐喝啤酒湯。

催生民主與人文的場所

咖啡除了可以讓人在工作場所增強警覺之外，咖啡店也讓英國人不用跑到酒館，也能享受到與別人交談以及見面的地方。而且酒館並不是一個可以讓大家安心發表政治和宗教議論的地方，因為每個人身上都配戴武器或是喝醉了；一般來說，聰明的店老闆大多也不鼓勵顧客過於激烈討論政治。相反的，咖啡店卻經常成為提倡和鼓勵政治討論的地方，也就是因為這個原因，國王查爾斯二世（Charles II）曾於1675年禁止在咖啡店討論政治（但這項禁令在十一天後就取消）。以君主制度主義者的觀點來說，這種做法的確不妥，可是更糟糕的是這些咖啡店大都熱烈鼓吹人們：

> 貴族們，工匠們，大家一起坐下來，
> 即使是更高貴的階級，大家也不分上下，
> 只需要為自己找到一個合適的位子，
> 即使有地位更高尚的客人來臨，你也無需，
> 把你們自己的位子轉讓給他們。

將這種民主的作風發揚得最透徹的地方，就是倫敦著名的「土耳其人頭咖啡屋」（Turk's Head Coffeehouse）；首先建立代表現代民主主義的投票箱也是在這裡產生。設置投票箱的用意，就是為了讓客人可以毫無後顧之憂的發表對一些爭論性政治話題的意見。這個革新的概念是在奧立霍大帝（Oliver the Great）強烈鎮壓下所激

發出來的，這是為了防範政府的間諜而設，使他們沒有辦法證實和確認那一些人是「國家的叛徒」。

當然，喝咖啡也帶來一些問題。當時，溫熱的飲料還是非常罕見，杜浮還特別提醒他的讀者「不要喝太快，或把舌頭伸進杯子。」人們對咖啡杯附上小茶匙的用途還是有些質疑，他們不知道是為了攪拌溫熱飲料使它降溫，還是把它視為湯匙用來喝咖啡。他們也添加一些芥末、香檳、薄荷、糖蜜，以及烘烤過的蘿蔔。（令人訝異的是，無論英式咖啡有多難喝，但還是比最早期的英式紅茶好喝多了。那時的英國人把茶葉當作泡菜一樣吃下去。）

然而，咖啡不只被視為酒精代替品，還是肉體與精神的興奮劑，而且取代酒精的地位，這種改變彷彿就像衣索匹亞喜愛咀嚼咖啡豆愛好者的古老祈禱，如果你還記得，正如下面所敘述的：

英國國王查爾斯二世。

十八世紀英國的咖啡館。

咖啡壺帶給我們和平

咖啡壺讓孩子們成長

讓我們的財富增加

請保祐我們，讓邪惡遠離我們。

　　咖啡之所以能夠增添財富，在英國可以得到最明顯的證明。許多咖啡店轉變成世界上最有勢力的企業總部，例如倫敦的勞意德證券〔勞意德咖啡廳（Lloyd's）〕，倫敦航運交易所〔波羅海咖啡店（Baltic）〕，英國東印度公司〔耶路撒冷咖啡屋（Jerusalem Cafe）〕等等。咖啡店的外觀設計也激發現代辦公室的設計。特地為某些商人擺設的桌子被改為有簾子隔開的小空間，提供他們多一點私人空間。這些後來就變成辦公室或小隔間，而且一直到現在，大家還是聚在一個共有的大辦公室一起工作。甚至到目前，英國股票交易所的通信員還是被統稱為夥計（waiters），而這也是因為不久前，交易所的確是個有夥計的咖啡店。

　　其他咖啡屋則轉變成科學與藝術的聚會所。以前牛頓經常光顧「希臘咖啡店」（Grecian Coffee House），「威爾咖啡屋」（Will's Cafe）則是作家喬納森・史威夫特（Jonathan Swift）和亞歷山大・波普（Alexander Pope）時常去的地方，畫家如霍加斯（William Hogarth）則常去「老屠宰場咖啡屋」（Old Slaughter's）捧場。

　　當咖啡店變得越來越有自己的特色，顧客也為了跟上潮流而常去捧場時，就變得越來越不實際了。有一個名叫理察・史提爾（Richard Steele）的出版商決定出版一本週刊，專門收集所有咖啡

英國倫敦的「土耳其人頭咖啡屋」。

早期英國報紙的社論都是從咖啡廳發展出來。圖中人物手上的報刊為《倫敦公報》（*London Gazette*）。

店最有趣的討論話題。該週刊對每一間咖啡店都會以「通訊記者專欄」（correspondent's desk）作特別介紹，為了保持各咖啡店原有特色，還介紹來自「威爾咖啡屋」的詩辭和韻文，「聖詹姆斯咖啡店」的外地新聞，還有「懷特咖啡屋」（White's）的藝術與娛樂新動態等等。史提爾也吩咐「記者」要把稿子以對話的方式寫出來，讓讀者有置身咖啡店的感覺。

　　在此之前，以對話方式寫作的文章被視為不值得作家注目的寫作風格。根據英國文學史家哈羅德・陸斯（Harold Routh）記載，「一直到那個時候……作家從來沒有認真研究簡單生活對話，就是在這裡（咖啡店），他們才真正開始將文學對話模式，與比較講究

的古典寫作方式融合在一起。」

反應靈敏的人在討論有趣話題時都有自己的一套方式。那是蠻有趣的概念。那時，史提爾的時事週刊轉型《貼樂》（Tatler）雜誌，是第一本現代雜誌，現今仍存在的英國高級社交生活雜誌。他的「通訊記者專欄」以及分類的概念，即被設定為現代報紙的標準。報紙是大家公認對民主主義不可或缺的基本價值，倫敦第二個首創的報章《勞意德新聞》（Lloyd's News），在最早期時是刊登在勞意德咖啡屋裡的一個佈告板。咖啡店的開放，使得有禮貌的交談與討論成為當時最受歡迎的活動。也難怪當時一些時事評論者會寫：「只有咖啡與國家融合在一起……才能創造自由與嚴謹的國家。」之後，咖啡屋話題也逐漸從文化、教養，擴展到流行、體育的話題。

如果想要認真衡量興奮藥物對整個社會的影響，可能不是容易的任務。可是，如果要分析它們如何影響一個人，就簡單多了。譬如，假設你喝三公升麥酒，你的記憶力可能會把你所學過的東西減退到只剩八成。相反的，咖啡卻可以增加你的記憶力。而且我們在喝醉的時候，比較會有暴力的傾向；如果孕婦只喝約一公升麥酒，她們所生的嬰兒智商會減少7％。假設她們再多喝一公升，幾乎一半的小孩將會因為胎兒酒精症候群而得到先天性反應遲鈍症。

根據這種推論，你可能會認為中世紀歐洲人是有企圖心的白痴，那是一個很傻的推測。可是，你明天吃早餐的時候，不妨試試喝一公升的烈麥酒（相當於三瓶淡麥酒）然後看那天過得如何。我們都知道當時歐洲是怎樣從一個抑制藥物上癮的民風，轉變為可以

理察‧史提爾與其創刊的《貼樂》雜誌。

接受興奮劑（至少在上午時段）的社會。

　　由歐洲第一杯咖啡算起，兩百年內所發生的饑荒與瘟疫都是歷史焦點。政府變得更民主，奴隸制度也消失了，而生活程度跟大眾的讀寫能力也有破天荒的進展。同時，戰爭減少了，但卻變得更凶殘。無論是好是壞，古老的衣索匹亞咖啡祈禱已得到響亮、明確的回應。[2]

　　我這趟以咖啡為中心的人類歷史之旅，是為了好玩而展開的。因為人類的發展其實與裙子一樣，可以隨著長短而進退；如果連我都不知道歷史是由一連串事情連結而產生，那就實在太荒唐了。但有時一些事情也會讓人覺得這一切並不是純屬巧合。

　　當阿拉伯人還是世界上唯一種植與收割咖啡的文明國家時，

---

2. 有趣的是，著名文化理論學者傅柯（Michel Foucault）認為，他的西方文明「合理化」時間，也是在歐洲第一家咖啡館開幕同年開始。

他們的發展比任何其他的文明還來得快。而當鄂圖曼王國掌握了咖啡豆的大權時，它們便成為世界上最有勢力、最寬容的國家。當咖啡較早在英國出現時，就掀起國家爭霸以及征服世界的意志。而法國大革命，也是起於巴黎的咖啡廳興盛時期。拿破崙也熱愛咖啡，他帶領士兵想征服歐洲，卻不明智的嚴禁巴黎所熱愛的咖啡而戰敗了，使他後悔莫及。據說他死前最後的一個願望就是想喝一杯聖赫勒拿（St. Helena）的濃縮咖啡。美國的殖民地將茶列為不合法的物品，他們以咖啡代替茶，進而使他們成為當今非常強大且先進的國家。同樣的，曾是以喝茶為主的日本，現在也因牙買加藍山咖啡而強大。

　　西方社會自願服用會影響腦細胞的刺激劑，也僅僅只有三次：一個是酒精，但真正的時間並沒有記錄下來；十七世紀時是咖啡因；二十世紀末期則是迷幻藥。酒精對早期社會造成什麼樣的影響是無法衡量，直到現在，我們還是沒有辦法預測迷幻藥對當時社會所造成的危害。但是值得一提的是，咖啡和迷幻藥很容易引起人們的注意，讓人聯想到非常相似的文化革命。上面提到的史提爾就曾一邊喝咖啡，一邊聊如何改革君主制度。又如阿比・霍夫曼（Abbie Hoffman）一邊抽鴉片，一邊策劃如何打越戰。而咖啡愛好者伏爾泰（Voltaire）以及金斯堡（Ginsburg）的譏嘲癖好，更代表那時代的熱門話題。以政治的觀點來說，1700年（反君主制度）和1900年（平民權利）兩個時代推廣人權主義活動，都是毒品流入社會大眾之後才獲得成果。當時熱烈參加法國大革命中狂愛咖啡的民眾，與1960年代反越戰時期使用毒品的人民有某些程度類

似。這一切也指出，為什麼美國毒品專家應該為某些毒品的流行而感到安慰的原因，因為儘管服用毒品會給自己帶來副作用，但美國人始終還是選擇毒品帶給他們的興奮。如果有一天，海洛因也像熱牛奶一樣，變成了大眾所選擇的毒品，那才是這些專家應該開始擔心的。

　　毒品可以直接改變一個人的行為態度、生產能力，甚至會影響他們的判斷能力。就好像一個尚未喝進第一杯咖啡的人，會感覺無精打采，甚至神智不清。另外值得一提的是，酒精帶給人們的禍害，例如會造成人們的分析能力混亂、輕信人言且缺乏判斷能力，甚至情緒失控，而這些都是中古時期的墮落行為。另一方面，喝咖啡可能對人類造成的傷害是胡思亂想，或是注意力不集中。因此，有些歷史學家建議應該要有一個「咖啡因史前人」（Precaffeinated Man）的專有名辭，以便有一個生理學上的區分。就像頗負盛名的考古學家渥夫剛‧席佛布希（Wolfgang Schivelbusch），在他《天國的美味》（*Tastes of Paradise*）一書中提到：「在十七世紀的畫像中，一些體型碩大、超重的人，就是因為喝了太多啤酒或啤酒湯所致。」而新教徒則認為由於咖啡的介入，才得以讓這些愛喝啤酒的懶惰鬼得到精神上的洗滌，使他們變成十九世紀典型瘦弱的諷刺者。

　　你覺得荒謬嗎？或許吧！但真正荒謬的是：因為咖啡與早期的人類都是生於東非，假設這些早期猿人在那時就吃了這些紅色的咖啡豆，進而促使他們腦部的發展，就像革命時期的歐洲人一樣，開始會以不同的角度來看事情嗎？而這群吃咖啡果實的猿人，難道就

是人類從猿人演變到人類過程中「遺失的一環」嗎？而他們所吃的苦味水果，難道也是伊甸園故事的原型嗎？如果這些都是真的，那也的確太荒唐了。

當然，並不是每個人都認同這套推論。甚至有一位德國社會學家提出完全相反的說法，他說咖啡是造成文明敗壞的最主要原因。

我從維也納搭火車到德國時，首先是奧地利的警察對我搜身，接下來是德國的警察。從不同國人的變化就知道我已經進入西歐世界，人們的體味變得稍微淡了些，臉上也毫無笑容。

咖啡擴張主義

這位社會學家會到慕尼黑並不意外。因為「啤酒節」就是從慕尼黑開始的，這是德國每年的重要慶典，來自世界各地愛好啤酒的人士（尤其是澳洲人）都會聚集在一起狂喝啤酒。這是中古時期留下來唯一的喝酒狂歡慶典。在那裡我認識一個反咖啡的宣傳者喬瑟夫‧喬菲（Josef Joffe）。

「啤酒節只是一項活動，」喬菲博士說：「你誤會了我的理論，我稱它為『喬菲咖啡擴張主義理論』。」

對於喬菲博士，有兩點使我感到很意外。第一，我原以為他會是個脾氣很不好的怪人，結果他是一個專業的社會學者，同時也是德國重要報刊《南德日報》（*Suddeutsche Zeitung*，相當於美國的《紐約時報》）的政治版總編輯。他像是一隻懂得享受人生的大白熊。他的秘書立即煮了一杯咖啡給我。我想，至少他是一個享有高

薪的怪人。第二是他所提出的理論。這個理論的靈感是來自有一次他去訪問俄國的途中，他對蘇聯國安局人員的抱怨，他只不過是抱怨俄國的咖啡很難喝，而那位承辦人卻回答，就像克里姆林宮對美國的中子彈頭一樣，兩邊都具有傷害人民的能力，可是外在並不會有任何影響。

「我就是在當時想到這個理論的。」喬菲說：「不好的咖啡就等於擴張主義、帝國主義與戰爭；而好的咖啡則是象徵文明、反戰主義與懶散。我可以證明這一點。你告訴我，到底是哪一國人出產世界最棒的咖啡？」

「是義大利人嗎？」

「義大利最後一次在戰爭中獲得勝利是在什麼時候？」

「是在西元三百年嗎？」

「你們美國人是在什麼時候才學會煮咖啡呢？」

「我猜是在六〇年代的某個時期吧。」

「你知道越南戰爭是發生在什麼時候呢？」

「哦，我知道了！」我說：「你的意思是想要告訴我，中國現在無法擴充他們的領域，是因為他們不懂得煮咖啡的關係嗎？」

他指了窗外說：「不錯，正是如此。我們只需要引進一些義大利式全自動咖啡機，就可以結束中國的對外侵略了。」

「或許聯合國的調停者應隨身攜帶衣索匹亞的錫達摩（Sidamo）咖啡豆。」

「簡單說，是用來代替機關槍嗎？」

「你知道聯合國裡面的咖啡如何嗎？」

他搖搖頭說：「不太好。」

喬菲的理論到頭來是贊成使用咖啡呢？還是反對呢？他的秘書又端來幾杯咖啡，此時，喬菲接起電話。或許是因為聽到他用德語說話，一種又高貴卻又殘忍的語言，我開始感到事情有些不對勁。喬菲博士顯然是一位喜愛咖啡的人士，而他的理論也提供我們對咖啡產品的一種啟發作用。可是當我更仔細的想一想之後，我看到一個不祥的真相，那就是：如果不好的咖啡會帶來好戰主義者；而好的咖啡會使人膽怯，這麼說來，所有咖啡不論是好是壞都變成惡魔？

事實上，喬菲的理論就是早期德國一種反咖啡的宣傳。自從1777年菲德烈大帝（Frederick the Great）開始嚴禁咖啡之後，德國便產生歐洲最激烈的反咖啡人士。他寫著：當我看到越來越多的人民在飲用咖啡，我就感到非常厭煩。我們是因為啤酒而得到許多勝戰。國王不信任那些喝咖啡的士兵能夠幫他打贏戰役，天主教的主教都力勸所有參與聚會的單位銷毀他們用來製作咖啡的器材，菲德烈大帝甚至雇用傷兵在街上用鼻子搜索哪裡在烘培咖啡——而這個辦法很成功。有兩種咖啡由此產生：一種是「豆咖啡」（一般的咖啡），而另一種是「咖啡」（由烤焦的麵包、含焦糖的羅蔔、菊苣，與無人知曉的材料調製而成。）

「是啊，我記得。」喬菲講完電話後對我說：「我們稱他為『muck-fuck』，沒錯，就是這樣發音，不過寫法是mocha-faux，意思是假的摩卡。你一定要知道這一首小曲子〈不要喝那麼多咖

啡〉。我想這曲子應該是來自莫札特。」

喬菲告訴我的這首小曲子其實又是另一個反咖啡的宣導歌曲，這次是鼓勵國人喝菊苣咖啡[3]（Chicory，一種咖啡的代用品），而不是真正的咖啡，因為如果買真的咖啡來喝，德國人的敵人——法國人就會越來越有錢。菊苣咖啡包裝上還印有德國佃農正在播種菊苣的種子，一邊揮去咖啡的包裹。圖的上方還有一個標題「要健康又要富裕，我們不需要你（指咖啡）。」

這次反咖啡的宣導很成功，所以德國一直是歐洲沒有咖啡因也沒有民主的國家，而二次世界大戰納粹黨的崛起，也是因為沒有這兩種東西。值得一提的是，希特勒演講時所招攬來的跟隨者都是到酒吧而不是到咖啡館。為了公平起見，再舉一個例子，那就是跟希特勒同樣是吃素的印度甘地，也是反對喝咖啡。

但我們不應該徘徊在過去的錯誤。德國已經彌補了過錯，現在也供應全世界數一數二的咖啡。

「這些全部都證實了我的理論。」喬菲說：「戰爭之前，德國的咖啡很難喝，你看，還讓他們一路打到莫斯科！自從我們開始學會製作好喝的咖啡以後，我們就變得溫柔得像樹懶一樣。可是，這對美國並不是很有利的。」

「我不懂你的意思。」

「以前美國的咖啡也是難喝到不行，所以他們的武器都做得很

---

3. 菊苣根部研磨出的汁液，不論味道與顏色都與咖啡近似，在日耳曼被稱「窮人的咖啡」，但在歐洲無法取得進口咖啡情況下，菊苣的地位水漲船高，拿破崙還在歐洲組「菊苣聯盟」，宣導以菊苣取代咖啡的好處。

厲害。但是自從星巴克開業以來，美國就沒有打贏過一場戰爭。如果讓星巴克繼續擴張下去，偉大的美國會被榛果與苦杏酒取代，因為沒有人可以一手打仗，另一手拿著法布奇諾奶昔。」

我對喬菲提出疑惑，我說：「聽起來好像很有道理，可是根據你的說法，如果好的咖啡代表墮落，而不好的咖啡會帶來戰爭，那咖啡一定是惡魔的飲料？」

「不、不、不，我的朋友。」他搖一搖滿頭銀髮說：「請問你一個問題，戰爭是件好事嗎？」

「當然不是。戰爭是壞事！」我喃喃的說，又喝一口咖啡。

「那麼好的咖啡就是好事啊，」他點燃一根小雪茄，「而不好的咖啡就不是好東西啦。有什麼道理可以比這樣的說明還要清楚呢？」

「我喜歡你！喬菲。」我真的很喜歡這位學者，雖然沒有喜歡到要親吻他的地步，但我或許會因為太高興而坐到他的腿上。「你有跟其他社會學家提過你的理論嗎？」

「我的同事會說那不過是似是而非的理論，可是在社會學裡，有什麼不是似是而非呢？」

12

巴黎咖啡館

我想表達的是，咖啡館是一個可以讓人瘋狂的場所。
──梵谷（Vincent van Gogh）

巴黎

到了巴黎，我第一個想去的地方就是郵局，我要去那裡領取那些拉賈斯坦尼假畫。現在來到法國，看到法國人嚴肅的樣子，還有灰暗的大樓，我才明白自己是個白痴。偷渡藝術品這件事不但是騙人的點子，就連印度的其他一切：霓虹色彩、猿猴神像，都是個謎。我不知道當初我到底在想些什麼？怎會有沒腦子的人會為了一些假畫，把一千兩百美元交給兩個乳臭未乾的小夥子？

我走進郵局之前，決定先到附近一家咖啡廳喝點沒有咖啡因的飲料來鎮定自己。這是一家很典型的巴黎咖啡廳，全都是以黃銅與假大理石裝潢，裡面有一群正在閒聊的人。大部份美國人都會擔心如果只喝一小杯飲料，卻待在咖啡廳太久，服務生鐵定會不高興。但法國人並不光是坐在那裡，他們根本就是將那張椅子租下來了。他們並不是為了要享受生命而坐著不走，而是因為吝嗇的心態。其實，整個二十世紀初的哲學全都受到立體主義、超現實主義與存在主義的影響，因為他們必須節省卻又喜歡喝咖啡，所以他們說一些長篇大論，其實就只是為了要留在裡面久一點。當然，你可以免費站在櫃檯，可是櫃檯旁邊的地上都是菸蒂。（不知道為什麼，巴黎咖啡館的櫃檯或是吧檯確實都不放菸灰缸。）

我站著快速喝下一杯卡爾瓦多（Calvados）白蘭地，就走進郵局。

「先生，真的什麼都沒有呀！」郵局的人很肯定的說。

「不太可能吧！我還有單據呢！」我揮一揮手中的單據。我在齋浦爾拿到這張單子時就覺得它看起來不太像正式的單據，又經過三個月的摧殘，現在看起來倒像是一張破破爛爛的衛生紙。

「先生，這是什麼啊？」

「那是我的單據啊。」我回答。

他看了那張單子一眼，然後說：「先生，恕我無禮，可是這是哪一國的文字啊？」

「是印度語，不，應該是烏都語（Urdu）。」

他把那張紙還我：「原來如此。先生，你現在是在法國，我們在法國是講法語的。我問你，你那包裹是什麼時候寄出的？」

「兩個月以前。照理說，應該已經寄到了。」

「兩個月？對啊，那應該是已經寄到了呀。可是呢，我們只會幫你保留三個禮拜，到時候沒有來領取，我們就會把東西寄回去。」

我開始學他的語氣講話：「啊！我知道結果會是這樣的。可是呢，我還沒有在那件包裹上面寫郵寄的地址！所以，你們應該是沒有辦法寄回去的。因此，那件包裹現在應該還在這裡吧？」

他冷冷的笑了一下：「你錯了，先生。如果上面沒有寄件地址，我們就會把它給燒了。」

「燒了？」我不太懂那位先生的意思。「你是說用火嗎？」

「沒錯。」

我開始激動起來，我接著說：「那可是好幾百萬的……我也不知道，不過，我可以肯定對某些國家的貨幣來說是好幾百萬價值。我要見你的主管。」

「你把價值幾百萬的東西寄到郵局？我可以問一下包裹裡面裝的到底是什麼嗎？」

「油畫。是一件很大的包裹，上面還貼有註明它的市價以及保留三個月的字條。你確定沒有它的紀錄？」

「那字條是用什麼文字寫的？」

「用法文。」

他仔細的看一張張電腦印出來的資料後說：「根據紀錄，前一陣子是有從印度寄過來的東西……」他停了一下，又說：「把你的名字跟相關資料寫給我。」

後來我發現他們有個倉庫，用來裝所有地址錯誤、無法寄送、難以辨認、沒人領取，然後郵局又懶得燒掉的包裹。如果我可以進去的話就好了，我邊填寫資料邊想。誰知道我會找到什麼？梵谷的耳朵？或是女王的胸罩？

「你何不直接把地址給我，我自己去找？」我建議他。

他聳聳肩說：「隨便你啊，先生。只是那個倉庫距離巴黎有四百多公里。」

助消化的聖品

當時，正處於咖啡熱潮時代，有一個戲謔的說法就是，在歐洲一家最有名的咖啡館有可能端出最難喝的咖啡。如果義大利的濃縮咖啡是濃烈的話，那法式的咖啡就既苦澀又油膩。維也納人喜歡他們的咖啡廳，不但寬敞而且舒適，裡面擺放的都是又軟又厚坐椅；而巴黎的咖啡廳卻塞滿一堆小型的桌椅，感覺就好像是警察局的審問間一樣。而這些並不代表那一個咖啡文化比較好，因為這世界充

滿著被虐待狂，可以說每個國家都有他們不同的文化。

　　例如，巴黎的咖啡廳可以顯示這國家崇尚流行的瘋狂程度。我可不是隨便說說而已，如果我們回到1670年這個轉捩點的時代，就可以證明我所說的是有根據的。更仔細的說，應該是在1672年的時候，有一個美國人巴斯卡（Pascal）[1]在巴黎靠近聖傑曼（St. Germain）的地方開了第一家咖啡廳。那是一家簡單、樸實的咖啡廳，一點也沒有豪華舒適的感覺，所以不會引起法國人的興趣。於是很快的，這家店倒閉了。而咖啡一直是一種具有醫療性質的飲料，或許咖啡從此不會再傳入巴黎了，而當時的鄂圖曼土耳其也正要入侵維也納。土耳其擔心法國會插手，所以派遣了大使索里蒙‧阿噶（Soliman Aga）慇懃路易十四，要他簽下不會對土耳其採取對抗戰爭的條約。

　　阿噶到了法國之後便開始說服路易十四，他開始邀請巴黎最上流的人士到他的住處聊天，並按照土耳其傳統分享咖啡。巴黎人對咖啡早已有認知，只是沒看過這樣的喝法。受邀的貴賓首先會進入一個掛著昂貴高級土耳其地毯的房間，在喝咖啡之前他們要先將雙手浸入一盆放滿玫瑰的淨水裡洗乾淨，然後走進一個燃燒著沒藥的絲質帳棚裡，沒藥的香味薰滿貴賓的臉頰後，會有一位美麗的非洲女侍，穿著華麗的傳統服飾，為你烘培、搗碎與調製神秘的「黑酒」。根據依薩克‧伊斯萊里（Isaac D'Israeli）的敘述：「她會彎著膝蓋呈上最上等的摩卡咖啡……她會將咖啡倒進一個金銀打造的

---

1. 巴斯卡，據說與二十年前倫敦第一家咖啡館開創人巴斯瓜（Pasqua Rosee）同一人。

十九世紀末，巴黎咖啡館的情景。

小碟子裡，然後放置於繡著金花邊的絲質咖啡杯墊上面。」

這種異國風情實在太誘人了，久而久之，阿噶的邀請便成了最被稱羨的事。路易王剛開始還不肯接見阿噶，後來也邀請他到皇宮。他們的會面可以說是種時尚的比評；他們比較了法國洛可可式（French Rococo）的風格與土耳其神秘的氣氛。路易十六還為了這件事訂做一件約三千多萬法郎的長袍；不但如此，他還用大量的銀子作了一套桌椅來裝飾大廳，並安排幾百個侍者。阿噶則是一人出席，穿著簡單的長袍。他最有價值的東西就是他的咖啡杯組──純金的咖啡杯，鑲著鑽石的小碟子，還有罕見的中國瓷器。

法國人很喜歡阿噶的土耳其風。很快的，法國的上流社會都有一間房間專門以土耳其風為主題裝飾，他們會穿著阿拉伯服飾喝著咖啡，由努比亞（Nubian）的奴隸服侍。莫里哀（Moliére）在《飛上枝頭做名流》（*Le Bourgeois Gentilhomme*）的劇本中把這種風尚塑造成一股熱潮：

佐登先生：（戴著很大的頭巾進入）我跟你說，我是個

Mamamouchi。

佐登太太：那是哪一種動物？（較沒禮貌的稱呼。）

佐登先生：在你們的用語裡面，是土耳其人的意思。

佐登太太：土耳其人？你的年齡適合當摩爾舞者嗎？

　　路易簽了合約，接著在十年內，維也納也遭受土耳其人的攻擊。土耳其戰敗之後，在巴黎的咖啡風潮也逐漸冷卻下來。維也納危機過後三年，有一個西西里島人以自己的名字開了一家咖啡館叫做「波蔻咖啡館」（Café Procope）。

　　這家咖啡館從阿噶那裡學到一點調製咖啡的技術，那時對法國人來說，咖啡只是時尚的一種象徵，而不只是單純的飲料。跟早年樸實的咖啡館比較，波蔻咖啡館顯得高貴許多，咖啡廳裡擺著大理

伏爾泰等人在波蔻咖啡館。

石的桌子，還有多面的鏡子與華麗的吊燈。服務生都帶著法官式的假髮，除了咖啡，他們還提供土耳其的冰凍果子露（sherbets）與利口酒（liqueurs，一種甜而香的烈酒）。這個西西里人製造一個很完整的迪士尼般的上流咖啡館。當時的法國人簡直愛死了。伏爾泰、拿破崙、盧梭、達朗貝爾（d'Alembert）都成了常客，還有今天會帶著米老鼠帽去迪士尼樂園的人都會想去。波蔻咖啡廳很成功（營業三百多年），也代表這種富麗豪華的咖啡館才是巴黎式的咖啡館。

　　或許是因為法國人不喜歡土耳其的「苦酒」，阿噶為此將糖介紹給法國人。1670年，杜塞薇格涅夫人（Madame de Sévigné）曾經寫過：「法國人有兩種東西絕不會接受，那就是咖啡與拉辛（Jean Racine）的詩集。」奧爾良公爵夫人把咖啡比喻為煤煙；路易十四認為咖啡是又低級又惡劣的飲料。但是無論皇室是如何不喜歡咖啡，他們最後還是因為它的獨特為之心動。十六世紀的咖啡學者巴魯丹奴斯（Paludanus）就曾說過：「咖啡可以讓人放屁或是使不通的地方變得通暢。」咖啡便是以這句話聞名於歐洲。[2] 嚴格說起來，這種咖啡應該是一種由奶油、鹽、蜂蜜與咖啡混合一起的舐劑（一種濃稠的糖漿），當一個人不小心將魚骨（像三呎長的鯨魚骨）嚥到喉嚨或是吞進胃裡的時候，就可以用到它了。雖然法國人不會去證實它的效果，但他們的確非常重視「不通暢」的議題。伏

---

2. 有人認為咖啡可以治療流產、頭疼、風濕病、肺病、壞血病、痛風、水腫、腎結石、眼睛疲勞與感冒，不過最普遍的是當作幫助消化的飲料。

爾泰在他的《哲學百科》（*Dictionnaire Philosophique*）裡面就有一整篇專門寫這個題目，而且據說就是在咖啡館裡寫出來的；而國王則是為了便秘而苦惱，他甚至將餐廳用的椅子做成馬桶，讓他隨時都可以上廁所。羅浮宮最有名的一項工作就是帶著棉花球和銀碟子，將太陽王（Sun King）久久一次的糞便帶去化驗。

從這個古老的傳統來看，法國人不但有飯後喝咖啡助消化的習慣，還曾試著改善他們對咖啡的看法。首先是咖啡豆，法國人喝的咖啡有一半是羅巴斯塔種類的咖啡豆。羅巴斯塔豆雖然品質較不好，可是它的咖啡因成份很多。咖啡因會造成肌肉伸縮，而這種現象又因為法式特殊的烘培方法更增加效果；他們把咖啡豆燒到炭與油脂的成份都跑出來了；炭可以吸收腸胃中的脹氣，而油脂可以算是通便順腸的助手。

咖啡館裡的革命

另一方面，郵局需要花兩個禮拜追查我那些古董畫的去向，巴黎的生活費實在很高，我決定找一些隨性的工作來做。八〇年代我曾在巴黎做過事，像是打字或洗碗之類的工作，但這次我想在巴黎的咖啡館當服務生。在波蔻咖啡館的時代，服務生不但服務顧客，又因為他們曾聽過伏爾泰最新的演說，所以他們也有經驗平息爭執。到現在，咖啡館的服務生還算是有地位。每年還有咖啡館的服務生比賽，看誰可以端著咖啡跑最快。當服務生又可以做法國服務生最愛做的兩件事：穿緊身褲以及取笑遊客。

我想我去拉丁區的希臘咖啡館應徵會比較有機會。經過一天的探詢，終於有一家咖啡館願意用我。那是一家小小的咖啡屋，好像根本沒有客人進來過的一間小店。這家咖啡屋的經理是一個敘利亞人，他穿著乾淨的服裝，像老朋友一樣的歡迎我。他帶我到店後的辦公室時，我看到廚房裡還沒洗的杯盤堆得很高，這裡除了經理以外，似乎沒有其他員工。我們聊了一下關於我的工作經驗（只有一點點）以及我的工作簽證（偽造的）。最後，他問我是不是洗碗工會的會員。

我不知道自己有沒有聽錯，什麼洗碗工會？有這種工會嗎？我說：「我是來當服務生的。」

他聳聳肩說：「沒有什麼分別啊。」

「哦，沒有分別嗎？」

「對，是一樣的意思。」

我後來懂了！原來洗碗與服務的工作都是我的。「兩件事情都是由我做，是吧？」

「那當然，你說你有當過廚師的經驗？」

「是的。可是……」

「但你不是洗碗工會的會員的話，恐怕就不能用你了，因為他們管得很嚴。」

我同意他的說法，於是站起來準備離開，我接著說：「不錯，他們是非常嚴格。不過，我現在馬上去拜託我一個老朋友幫我加入這個工會，我肯定他絕對可以幫忙的。」

我說的朋友，是我在巴黎工作時認識的一個朋友穆薩。繁榮

的八〇年代，雷根總統使美國的經濟復甦，而巴黎的物價連像我這樣的美國佬都付得起。真的很感謝他！只要付五十分錢便可以在我喜歡的咖啡屋裡裝模作樣，而一杯紅酒也不超過一美元。我住在河邊的旅館，面向羅浮宮，每個月的房租還不到七十五美元。就算我的房間既簡陋又寒冷，或是我的時薪只有二‧五美元，這些都沒關係。穆薩之前也是一個洗碗工，現在是廚師，我相信他一定可以幫我成為洗碗工會會員。他是來自薩哈拉郊區的一個仁慈的傳統鄉下人，他的笑聲像個小女孩，鼻子就像小木偶一樣，又很喜歡跟人握手。他的優點講也講不完。他可以說是一個稀有而且親切的好人。但很可惜的是，他幫不上忙。

「什麼洗碗工會？簡直是荒唐！他一定是喝醉才會這麼說。」穆薩說。

雙叟咖啡館。

所以我只好去找巴特蘭先生。巴特蘭是一個已退休的工會法官，現在住在他家人開的旅館裡一間套房。一個大約八十歲的矮小男士，講話有些結巴，牙齒又有些紫斑。

　　他跟我說：「啊！先生，你知道這不是一件很簡單的事，就算是法國人也不見得可以進入這個工會。想要在咖啡廳工作，你一定要是奧弗涅人（Auvergnat）。我相信他們才是咖啡廳的領導族群。」

　　「有咖啡族這種東西嗎？你是說像印度那種階級制度嗎？」我問。

　　「你不知道奧弗涅人的故事嗎？他們可是巴黎咖啡廳的教父。」他從書架上抽出幾本書。「他們是一個種族或是一個大家庭，但不是階級制度。我的家族也是奧弗涅人。」

　　「你家也開咖啡廳？」

　　「你坐的這個地方本來就是一家咖啡廳。以前咖啡廳、旅館都是一樣的。」

　　奧弗涅省是一個離巴黎五百多公里南部的山區省份，如今是一個騎馬的好地方。在1700年代，這兒是一個貧瘠之地，住在這裡的人均以採煤礦為生。這裡的人之所以被稱為奧弗涅人，就是因為他們有倔強獨立個性的特質，據說他們是烏克蘭人的後代。根據巴特蘭先生的說法，奧弗涅人經常出現在巴黎市內販賣煤炭。一開始，他們也賣水與檸檬汁，他們利用自產的煤炭燒水。後來，當咖啡變成流行的時候，他們便會外送到客戶家中，這個巴黎的傳統來自1600年代的一個瘸子小男孩坎迪亞特（Le Candiot），挨家挨戶

賣咖啡。

　　後來，由於把所有煮水的家當全帶到街上來回穿梭實在太麻煩了，因此奧弗涅人就選擇一個定點，在固定的一個地方販賣他們的咖啡。慢慢的，他們的小攤位開始增加隔板，偶爾也會放幾張椅子在外面。就這樣，「雙叟」（Les Deux Magots）、「花神」（Café Flore）、「莉普」（Café Lipp）等等的咖啡小館如雨後春筍般的冒出來。到了1800年末期的時候，已經有大約五十萬奧弗涅人遷移到巴黎，至今他們仍是一個特立獨行的種族，他們有自己的報紙與特別的村落聚會。

　　巴特蘭先生的祖先就是早一批來的奧弗涅人，他們原來住在奧弗涅省北部的聖康多（St. Come d'Olt）。

花神咖啡館，價目單寫著：自由之路經由花神咖啡……

「我們在1800年的後期就選擇在這裡定居。」巴特蘭先生說。「我猜想，我們家族有一半的人都曾在這裡開過咖啡館或是旅館。」

到了1700年中葉的時期，根據歷史學家米榭勒的說法，這些奧弗涅人與他們的祖先所建立的許許多多的咖啡館，已讓巴黎成為一個大咖啡城。跟英國一樣，法國的咖啡館是一個充滿政治言論的地方。有趣的是這兩國的政治論壇有其不同的方式；英國的是嚴肅正經，而法國則把政治拿來當作看戲。其中最出名的就是「盲人咖啡館」（des Aveugles），這家咖啡館的節目當中有一組盲人合唱團，而指揮家是個聾子，這象徵著皇室的無能。這家咖啡館的隔壁是「綠咖啡館」（Vert），他們更誇張，據說裡面養著一隻專門攻擊貴族喉嚨的猴子。輕佻、殘忍，而且非常會挖苦人，這就是可怕的巴黎人。

到了1780年代，有一位英國旅行家亞瑟·楊（Arthur Young）於1789年有下列記載：「巴黎皇宮（Palais Royal）咖啡廳內外都擠滿人潮，全都在聆聽即興公開的演講會……這種場景很令人驚訝，每一次講到用暴力去對抗當前政府的話題時，都會博得如雷掌聲，這種接近瘋狂的情形令人無法想像。」七月十二日，有一位巴黎皇宮咖啡館的侍者突然跳到桌上，慫恿客人攜帶武器反抗政府。之前，已經有好幾次試圖推翻政府，但最後卻沒有實行。這次，他們先討論什麼顏色最適合作為代表革命的旗子（是要用綠色代表重生，還是要以紅色代表熱血？）大家一番熱烈討論後，咖啡館裡確實有人試著推翻法國君主體制。

當時有些社會評論家認為，是咖啡幫助歐洲的啟蒙運動以及

第一次民主革命的發生。米希烈曾這麼寫著：「這道突然迸發出來的光芒、這項偉大的榮譽，無庸置疑的，有一部份的功勞應該歸屬於咖啡的出現……就是由於咖啡的出現，使人們有新的生活習慣，同時也改變人們的氣質，給人類帶來光明的遠景並開啟真理的光芒」。[3] 而歷史學家薩梵蒂（Narcisse-Achille de Salvandy）更是強調咖啡館的功勞，他說：「政府鬥不過人民對咖啡館的情感。會發生民主革命，主要就是肇因於咖啡館的支持者；而拿破崙之所以會成功，也是因為受到咖啡館的支持。」

他們寫得真是精采，而且或許還有它的真實性呢。不過，還有一個不是很風光的七月革命歷史事件也跟咖啡扯上關係，又一次深深的影響到高盧人（Gallia）[4] 的消化系統。那就是當惡名昭彰的薩德（Sade）侯爵被關在巴士底監獄的時候，也就是在七月二日，巴黎皇宮咖啡館的侍者跳到桌子的十天前。

當時，薩德侯爵與巴士底監獄的守衛發生爭執，他於是搶了一個漏斗，然後用漏斗把他在監獄用的尿壺倒進外面的護城河裡，然後以倒乾後的尿壺當擴音器，往窗戶外面大叫，說政府的人在牢裡割犯人的喉嚨，試圖煽動人民。這個舉動果真引來許多人聚集在巴士底監獄的外面圍觀，而當監獄的守衛試著打開他那個小門的時候，他更是積極的催促外面圍觀的群眾趕快救出監獄裡的政治犯。

---

3. 他甚至以咖啡種類供應的改變來分類法國啟蒙運動。當葉門的淡色咖啡豆開始供應時，漫不經心的貴族咖啡館也開始處於支配地位；而中等強烈的法國波旁（Bourbon）咖啡豆則帶來伏爾泰的詩集；當濃郁、粗糙的加勒比（Caribbean）咖啡豆成為主流時，社會又被嚴格規範，進入黑暗又暴力的時代。

4. 高盧人，古代法蘭西稱呼，是一種戲謔的稱法。

最後，他還是被制服了。

許多歷史學者都不明白為什麼革命家要攻打巴士底監獄，大家都知道監獄中只不過關著幾個貴族罷了，而薩德侯爵就是其中一個。薩德侯爵大鬧過後不久，有傳言說政府將所有政治犯都移到巴士底監獄處決。謠言越傳越大，十天之後，巴士底監獄就被圍攻。反抗者並沒有發現任何政治犯，而獄中總共也只有三位罪犯。但他們也找到一堆密藏的武器，如果沒有這些武器，法國大革命是不可能會成功的。

薩德侯爵為什麼會如此憤怒呢？原來又是大便不順暢的老問題，飽受脹氣的煎熬；他被關了十二年之後，已經腫脹得一大糊塗。他不斷的要求提供「正式」早餐，而當最骯髒、最無禮的侍者把他的軟墊拿走時，他氣憤得無法忍受。雖然沒有清楚記載薩德侯爵有喝咖啡的習慣，但很顯然的，缺乏咖啡的確讓他無法排便順暢。他受折磨的嘶吼便是引起1789年7月14日巴士底革命的導火線。

從這裡開始我們已經進入法國咖啡館所謂的「黃金時期」。大家應該都知道我要講的這一群人，包括法國詩人韓波與魏爾倫常在「死鼠咖啡館」（Café du Rat Mort）

沙特在花神咖啡館寫出《存在與虛無》，被譽為存在主義最偉大著作。

出現。這兩位詩人在當時驚爆巴黎社會；韓波割傷魏爾倫，而魏爾倫也以槍射傷韓波。存在主義者像是沙特與卡謬在花神咖啡館出沒；而美國人則群集在莉普咖啡館與圓頂咖啡館（La Coupole）；立體派的藝術家如畢卡索喜歡到「狡兔之家」（Le Lapin Agile）；達達主義者阿波尼爾（Guillaume Apollinaire）與超現實主義者布赫東（André Breton）則是「圓樓」（Rotonde）的常客。法國劇作家亞歷山大‧席恩（Alexandre Schanne）與亨利‧穆爾格（Henry Murger）就是以咖啡的頹廢為主題作演講。咖啡廳店長常抱怨：「我們的服務生因為要聽這些無聊、沒知識的話題而備受影響，不但使他們退化而且變得呆滯。」

雖然我很欣賞這些哲學家與藝術家，但我還是得指出，他們光是會紙上談兵，而皇宮咖啡廳的服務生卻實際付諸行動。

畢卡索畫作《狡兔之家》。當時剛由西班牙來到巴黎蒙馬特區居住的他，和其他窮立體派畫家朋友喜歡到「狡兔之家」吃喝，並為餐廳作畫抵酒錢。

不過，這群藝術家與哲學家所留下來的特殊傳統，就是只買一杯咖啡，便可以在咖啡館裡面耗上一整天。這種「惡行」可以說是由沙特帶起的，根據花神咖啡館的創始人保羅・布勞（Paul Boulal）的說法，這位傲慢的存在主義者是「最糟糕的顧客……他只買一杯咖啡就從早上坐到晚上，也從不續杯。」就是因為這種習慣，所以巴黎作為全世界最重要的咖啡城市，現在想要點一杯咖啡卻非得比其他國家貴上許多不行，價格甚至高到七美元，比起維也納的四美元與阿姆斯特丹的兩美元要高很多。也難怪法國人不再去咖啡館了。在 1960 年的時候，法國有二十五萬兩千多家咖啡館；到了 1982 年只剩下十八萬多間，幾乎少了一半。每次我到一家咖啡館，就會聽到有幾家老店已經關門大吉。

　　巴特蘭先生曾說過：「是啊，世事多變……有很多原因，例如麥當勞以及其他流行的速食店興起。可是從很早以前巴黎就有咖啡館了，以後也一直都會有。咖啡館是法國人的歷史。」

13._

咖啡與新世界的相遇

貝多芬習慣在早上以咖啡壺煮咖啡，
咖啡已成為他不可或缺的營養品之一。煮咖啡過程，
他與小心翼翼的東方人一樣，尤其有客人來訪時，
每一杯咖啡都要親自數六十顆咖啡豆。

——安東・德勒（Anton Schindler）

法國巴黎（Paris）→巴西聖多斯（Santos）

誰將咖啡帶到新世界？

在 1700 年代的歐洲，咖啡的消耗量很大，當時已經存在著供需應求的問題。據說在 1600 年代晚期，路易十五（Louis XV）每年為女兒花在咖啡上的費用就高達一萬五千多美元。到了 1740年，咖啡的價錢降到一杯只需五十分錢，就連無業遊民也付得起，顯示咖啡已經在歐洲殖民地的三個大洲繁榮興盛。當初，第一個將咖啡偷渡過海的是巴巴·布丹，而另一個更重要的咖啡偷渡事件發生在 1616 年，當時有一位荷蘭船長布洛克（Pieter van der Broecke）從麥加偷了十幾顆咖啡樹，種植在爪哇，也因此使咖啡的別名從摩卡變成摩卡爪哇（Mocha-Java）。還有，最令人印象深刻的應該是在 1720 年，當時有一位法國貴族，名叫狄克魯（Gabriel de Clieu），是他將咖啡樹苗運往新世界。

當我在巴黎閱讀狄克魯的故事時，我聯想到維也納間諜柯契斯基（Kolschitzky）。那簡直就像一部小說，不但有海盜、有間諜，也有遇到船難的故事。當我調查他的資料，發現他的故事幾乎都是根據他自己所寫的信件而來。當我更深入了解，發現這個故事其實存在許多版本，其中還包括一位法國醫生，因為那位法國醫生治好了葉門蘇丹王的耳痛，所以獲得六十棵咖啡樹苗的獎賞；還有，荷蘭人早在 1714 年（早狄克魯六年）就在南美的蘇里南種植咖啡；甚至還有因為葡萄牙的士官與法國伯爵夫人發生婚外情，夫人送士官一束咖啡花。此外，聖方濟教會的修道士也曾在記載中出現。

看了那麼多記載，結論還是沒人知道咖啡到底是怎樣移植到新

世界，只因為狄克魯編的故事最為精采，所以大家就以他的故事為準。我曾試著找出更多有關這位法國水手的資料，可是我在法國國家圖書館找了一個禮拜的資料，還是只得知他於1686年出生在一個叫「Anglequeville」的小鎮。他曾當上瓜德盧普（Guadeloupe，距離法國本土約七千公里的一個島嶼）的總督，但仍然沒有人知道他被埋在哪裡。我曾試著尋找他出生的小鎮，最後發現根本沒有這個地方。唯一的線索就是這個小鎮位於法國大西洋北岸靠諾曼第的一個地區。

後來我為了了解狄克魯的說法是否正確，同時又等不到法國郵局幫我尋找拉賈斯坦尼畫的消息，我想他們可能找不到那些畫了，於是我搭上前往諾曼第的火車。在這趟旅程中，沿途的風景非常美麗，給人一種秋天的氣息；綠色的草地上點綴著許多乳白色的綿羊，蘋果樹也結實纍纍。我們經過了魯昂（Rouen）、奧菲（Auffay）以及數個小鎮，我發現規模越小的城鎮，它的名字就越長。之後，我們到了目的地，但是我們並沒有看到Anglequeville，可是不久，我聞到了海洋的味道，這時火車也停下來，我才發現我們已經到了終點站迪佩（Dieppe）。離開車站之後，我在附近一家

將咖啡樹苗運往新世界的狄克魯。

酒吧的樓上租了一間平價的房間，開始了我的探險。

　　我的尋訪可不是毫無根據的。雖然我不知道 Anglequeville 在哪裡，但是這個名字看起來就好像是法文 Anglais Ville 的縮寫，英文則是「English Town」（英國城）。既然狄克魯是一位法國船長，又住在與英國有關係的城鎮裡，就應該是此地其中的一個港口才對。我只需要一一搜尋這些港口，或一間一間的逛酒店，問問誰有聽過狄克魯這戶人家就可以了。

　　迪佩是一個很可愛的小鎮，有人會在街上烤鯡魚，教堂旁有一家小超市，城裡幾乎都是四十五歲以上微胖的中、老年人。我拜訪的第一家港口酒吧是「水晶咖啡館」（Café Le Crystal），裡面有一位穿著藍色吊帶褲的男子正喃喃自語：「魚兒捕魚；我們也捕魚，所以魚兒是我們的兄弟，因為我們都是漁夫，不是嗎？」

　　我點一杯啤酒。男子繼續跟我說：「魚是魚。你不懂嗎？如果魚捕魚，牠們就是漁夫啊。所以我們是在捕漁夫。可是我們也是漁夫啊！所以我們是在吃自己的同胞，不是嗎？」

　　「哎呀呀！」一位坐在酒吧後台的金髮女郎說：「才不是呢！吃魚的魚是同類相食。我們只是捕捉同類相食的動物，又有什麼錯呢？同類相食的動物本來就是噁心、該死的東西！」

　　「對啊！況且，我的朋友，捕魚的魚並不是漁夫，而是漁魚！」一個穿著皮衣的光頭男子補充發言。

　　穿著藍色吊帶褲的男子堅持：「不，不管怎麼說，在大海中捕魚的都應該是兄弟。如果警察吃了另一個警察，他不也就是食人族嗎？」

光頭男子喝了一口啤酒，說：「如果他是頭豬的話，那就不是了！」

他這句話讓全場的人都安靜下來。我趁機發問，是否有人聽說過狄克魯或是他的出生地。

穿吊帶褲的男子說：「問魚兒們吧！牠們什麼都知道。」

「狄克魯？」酒保說：「沒聽說過。」

我想解釋：「是一個滿古老的名字，我也不大確定……」

酒保突然很不客氣的回答：「我不知道！謝謝惠顧，再見！」

此時，有人把手放在我的肩膀上，我回頭一看，原來是那位光頭男子，他說：「聽好，我不知道什麼狄克魯家庭，可是火車站旁邊有一條狄克魯巷子，說不定他們就住在那裡。」

等我回到火車站旁，果然在一家藥房的牆上看到釘著一個寫著「狄克魯巷」的牌子，我很高興的在一家簡陋的酒吧吃飯慶祝。我點了鰈形目魚、薯條、鮭魚乳酪以及焦糖奶酪。我跟服務小姐聊到我正在閱讀的一本書。

在我幾杯白酒下肚之後，我毅然決定跟她結婚。我們還是住在迪佩，然後跟其他的人一樣，我會去捕魚，到了夏天，會有很多的旅客來此觀光。我跟她會生很多小孩，而他們以後也一樣會有很多很多小孩，如此一直延續下去。

「是的，是的。我是蓋伯瑞‧狄克魯的曾曾曾曾曾曾曾孫女。可能不只這樣，但我無法確定。」凱薩琳‧伯內‧柯特羅（Catherine de Beaunay-Cotelle）女士用自己的手指頭邊數邊說。

很難相信自己的運氣有這麼好，因為迪佩不但是狄克魯的出生

地[1]，他唯一的後代也住在這裡，她是一位穿著黑白相間的服飾，表情嚴肅的法國女士。隔天，她就載我到位於隔壁村的辦公室，三年來，這位女士一直在記載她祖先的偉大事蹟。

「你不用懷疑，我可以確定是我的祖先把咖啡樹苗帶過來的。這是一個經過證實的歷史記載，甚至有一本書專門敘述這項記錄。」她遞給我一本黃色的書籍，書名是《狄克魯：向這位騎士致敬》（*Gabriel de Clieu: Hommage au chevalier*），凱薩琳・伯內・柯特羅著。

「可是這本書是妳自己寫的呀！」我質疑這本書的準確度。

「當然啊。誰會比他唯一的後代子孫更清楚呢？」她反過來問我。

有道理。她還有信件可以證明狄克魯確實是咖啡在新世界的開拓者，來自路易十五、馬提尼克（Martinique）總督、各個殖民地的貴族，以及一個美國生物學者，這位學者還將一個咖啡種類的名稱取名為狄克魯。她甚至還有狄克魯族徽的影印本，一隻張著嘴的老鷹，準備好要作戰的樣子。老鷹的頭上沾有三粒沙子，就站立在銀色的大地上。

我向凱薩琳說，她看起來確實很像書上的狄克魯畫像。書上的狄克魯戴著假髮，有一雙海灰色的眼睛，看起來很溫和，但絕不是一位可以隨便開玩笑的祖父。其實，凱薩琳本身也是滿嚴肅的。當她看到我正觀察她的眼神時，她說：「這是我非常熱中投入的事

---

1. 傳統上，在婚禮與受洗時都使用咖啡而不是酒，或許與迪佩在咖啡歷史上佔有重要角色有關。

情，已經成為我一輩子的事業了。」很肯定的，她有狄克魯的眼眸。

　　除了記載狄克魯到新世界的海上探險記之外，她還想開一家博物館，主要目的就是說明咖啡在法國歷史上的重要性。最近，她還成立「狄克魯協會」（我是第251個會員），同時說服鄰近的十七個村莊，共同買下狄克魯爵士已經荒廢的古堡當作博物館預定地。

　　根據凱薩琳的說法，她的祖先因為法王查爾斯六世的關係而被列為貴族。狄克魯於1687年出生在迪佩，1702年加入軍隊，接下來的十五年，狄克魯都在法國的加勒比海度過，他在贏得許多榮譽後結婚。往後大部份時光，他遊手好閒，無所事事。一直到1717年，他聽到有人為了偷渡咖啡樹苗而喪命，不久後，他便毅然決然接受這項挑戰。最後狄克魯成功了，他獲任命為瓜德盧普總督的職位，而且是聖路易的指揮官，同時也成為全世界咖啡族的英雄。

　　「他在巴黎過世的時候很窮困，就算他是一位總督也無法倖免。聽說他是一個很好的總督。當他沒錢的時候，瓜德盧普的人民曾打算寄給他十五萬法郎，可是他拒絕了。」凱薩琳敘說著。

　　「可是他還擁有土地呀？」

　　「不錯，他家族的後代仍擁有這裡約八十公頃的土地，可是他仍然窮苦潦倒的死了，自由革命之後，大多是這樣的結局。」凱薩琳一邊收拾筆記，一邊說著：「但是我的祖先為世界所帶來的貢獻是絕對錯不了的。你想想！一個人可以帶給全世界那麼多的歡樂。」

　　「是的，真的很不可思議！」我停頓了一下子，真的不知道應

該如何表達對此抱持的諷刺態度。「他在海上所發生的事情都是真的嗎？聽起來實在令人難以相信，這整件事情會是真的嗎？」

「啊！的確是很不可思議，可不是嗎？請你過來看看。」她帶我到一棟開滿著花朵的建築物。她指著花朵說：「你看到了嗎？」我四處看了一看，並沒有看到什麼。突然間，我發現在一叢花朵與蕨類植物的後面，有一面牆全部畫著狄克魯在海上的情形。畫上有海盜、美人魚以及即將渴死的水手，海上正有一場暴風雨。最後一個畫面是馬提尼克樂園，畫中狄克魯的妻子膝蓋上坐著一隻猴子，還有一個非洲奴隸正奉上一杯咖啡給她喝。畫上的某些顏料已經開始褪色了。

「這是他的宿命。」凱薩琳接著說：「我還去查了他所屬的星座，他出生的星座有土星，表示他有不屈不撓的精神；還有，水星代表他會經歷一段長途的旅程。他在星曆上的象徵是右手捧著籃子，左手握著種子的男子。這表示他會為全世界播灑偉大的種子。」

「可以告訴我他是屬於什麼星座嗎？」

「我們猜他是 1687 年 6 月 30 日出生的，屬巨蟹座。」

「真的嗎？那也是我的星座呀！」

她嘲笑的說：「我不信這種東西。但如果你打算和我的祖先走同樣的路，請記得帶一瓶水。」

追尋咖啡路徑

根據凱薩琳的說法，狄克魯是從迪佩南方二十多哩處的洛城（Rochefort）出航。我於是跑到洛城，打算到那裡趕搭一艘貨船，可是撲了空。事實上我後來也知道，想直接跑到商船上做事，已經是很久以前的事了，歐洲的貨船是需要預先訂位的。我唯一能找到的船隻是一艘不定期的貨輪，它正要從義大利北部的熱那亞港（Genoa）離開。我還得付錢坐船呢！雖然不是很多錢，但一定要現金，而且也不擔保啟航的時間。這艘不定期貨船並沒有要前往馬提尼克，而是要到聞名的巴西咖啡港——聖托斯港（Santos）。

接下來的幾個禮拜很複雜，無法詳細說明；譬如，到了開船的日子，我的船決定晚一點才出航，甚至出海時間在二十四小時之內更換了三次，我也因此必須在羅馬與那不勒斯（Naples）逗留數個禮拜，看了無數的契里尼（Cellini）、米開朗基羅（Michelangelo）與拉斐爾（Raphael）的作品。

我等了四個禮拜之後，有一天，當我站在海港等待上船時，才發現原來的船已經走掉了，代替它的是另一艘船。這對我來說其實都無所謂，只要可以帶我離開這裡就好了。

一般作家通常都會把海港描述得既浪漫又神秘。或許以前真的是如作家所寫的那樣，但現代的海港比較像停車場，而船隻更像摩天大樓。我搭乘的船身長達兩百碼左右，有五層樓的高度是浮在海上，另外潛在海底的還有六層樓高。碼頭上堆滿藍色與紅色的鐵箱子。在十九世紀的時代，要運送六萬磅的咖啡，大約需要三百艘船

與相當人數的裝卸工人（每次搬貨要扛兩百磅）。現在，只需要一天時間就能搞定，搬貨也只需一個人操作起重機。

那天我看到跟我一起搭船的乘客總共只有八個人，而且大多數都是七十幾歲的人，裡面沒有人會講英文。過了兩小時之後，船員才把我們帶到船底的交貨區。有一個戴著假牙的義大利男子叫我一定要跟他同桌用餐。之後船員又帶我們到客艙，那裡所有東西都是藍色的。當我卸下行李時，有一間客艙的嬰兒開始嚎啕大哭，而船底則發出一聲巨響。

早期的歐洲探險家最常做的，就是把外國植物介紹給其他國家。他們原來專注於把新世界的罕見的物品帶入歐洲，例如番茄。糖是第一個由舊世界帶到新世界的物品，而咖啡排行第二。據說，早些時候，就曾有人三番兩次的試圖將咖啡樹移植到歐洲，而狄克魯或許就是其中一人。

不論故事怎樣發展，當狄克魯向路易十五索取兩株咖啡樹苗時，國王卻沒有一點感激的心。因為路易十五實在愛死咖啡了，他不但親自將咖啡樹苗種在園子裡，還自己烘培咖啡豆，自己煮咖啡；這些咖啡樹苗來自阿姆斯特丹的市長，它們其實就是從麥加偷渡出來的咖啡樹苗的後代。路易曾經在他的咖啡品嚐會與他的情婦杜拜瑞夫人發生性醜聞。

「我曾多次到皇宮去要他們後院園子的一小株咖啡樹苗，但始終要不到。」狄克魯寫著。經過幾個月之後，狄克魯的腦筋終於開竅，他雇用一名「年輕貌美的女性」懇求御醫給她幾株咖啡樹苗。

這位女子的名字與她使用的手段沒有被紀錄下來，但是在1720年秋天，那位御醫真的帶出兩株咖啡樹苗到洛城的庭園交給該女子。到了十月八日那一天，這兩株咖啡樹苗被送上一艘名為「駱駝號」（Le Dromadaire）的貨船運往西方世界。

14

航向巴西聖多斯

咖啡的發現與望遠鏡、顯微鏡的發明一樣重要，
因為咖啡已經深深影響我們日常生活。
——亨利克・愛德華・約克柏（Heinrich Eduard Jacob）

巴西，巴西聖多斯（Santos）
→里約熱內盧（Rio de Janeiro）

里約熱內盧

聖多斯

在海上

航海與坐牢其實沒有什麼太大區別，因為在船上無處可逃，固定的用餐時間，難以下嚥的伙食，又不能選擇同伴。船上的乘客全都在同一個地方用餐，坐在並排一起的三張桌子。第一桌坐著一位瑞士籍的生物學家與他的太太和三歲大的女兒。另一桌坐著一對年長的義大利籍夫妻、一位七十九歲法國與瑞士混血的女士。我則是跟兩位義大利男子瑟吉歐與法蘭克同桌。用餐的時候，非常吵雜，貨船震動得使我們的椅子不斷移動，馬達的聲音也大到我們得互相吼叫才能聽得到，船上提供的餐點不是難吃，就是份量太多。第一道菜是一大碗義大利麵，接下來是一份魚，還有一份肉，然後是蔬菜，最後是一顆橘子。我們喝的葡萄酒是用箱子裝的，咖啡更不用說了，苦澀無比。

第一次坐下來吃晚餐時，同桌的瑟吉歐突然大叫：「我愛死麵包了！你不喜歡嗎？這可不是全世界最好的麵包嗎？我實在太喜歡航海的生活了，啊！」

瑟吉歐年紀雖大，但相當俊挺，他灰色的頭髮梳得緊貼在頭皮上，還有一雙炯炯有神的淺藍色眼睛。就算你聽不懂他的語言，他仍然充滿魅力。如果有他不喜歡吃的東西，便會把它吐出來，然後小心翼翼的把它包在麵包裡，所以每次用完餐以後，瑟吉歐的盤子上都會留下一些嚼過的食物與麵包點綴著。他很喜歡曬太陽，常把自己曬得紅通通的，眼睛也總是充滿血絲。

在航海中的第一個晚上，瑟吉歐似乎還很正常，也表現得非常

爽朗。他喜愛船上的任何食物、麵包以及巴西女孩等等，感覺什麼都是美好的！

「我將要在聖保羅的扶輪社演講。」他驕傲的說。

「扶輪社？那不是跟黑道有掛勾嗎？」我開玩笑的說。

瑟吉歐突然嚴肅起來，說道：「吃飯的時候，不要談黑道。」

我這才發現義大利人用餐的時候從不討論爭議性的話題，譬如：教皇、墨索里尼、北義大利脫離聯邦，以及歐盟的問題等等，因為這些都會讓人消化不良，不過我們的伙食也好不到哪，所以我不覺得會有什麼影響。幸好，瑟吉歐是一個樂觀人士。我覺得任何事情都有好的一面，包括要去的目的地在內。

「聖多斯（Santos）？你就要去咖啡港聖多斯嗎？你很幸運，因為我們的航線剛剛改變，聖多斯已成為航程的最後一站。」他突然停下來，吐出一口咀嚼一半的肉塊，然後又繼續說：「你將會在船上享受六星期的大海與美食。」

「六週？不是只需要十四天嗎？！」

瑟吉歐一副有預謀的樣子，靠過來跟我說：「已經不是那樣了。可是，你並不需要多付錢。今天開會的時候，船長告訴我們的呀！難到你沒有聽清楚嗎？」

我聽了馬上臉色發青，立即問：「難到船長說的就是這件事嗎？我根本聽不懂義大利話呀！」

瑟吉歐高興的點點頭，然後接著說：「是啊，這是一個很不錯的驚喜吧？」

船慢慢的行駛，一整個下午都在當地的酒吧看著許多八十幾歲

酒醉的老水手唱歌。後來船駛進直布羅陀海峽，它就是地中海與北極海的唯一通道，過了這個海峽就是汪洋無際的大海了。一想到這裡，我就開始感到不安，因為我很怕暈船。所以當天晚上我服用了比平常多兩倍的「暈海寧」（Dramamine），可是到了凌晨四點多的時候，我又醒過來，船在海上搖晃得很厲害，所以我又吃了更多的暈海寧，不久便又昏睡過去。

當我再次醒過來，整片大海異常平靜。而非洲已出現在我們的右舷，可是海上的濃霧擋住我們的視線。此時，太陽也差不多要下山了，我看到了一些摩洛哥的漁船，其中有一艘船讓我感覺很奇怪，因為它沒有掛任何旗子，船上也見不到任何蹤影，也沒有看到任何捕魚的漁網。當我看到這艘船時，我正坐在船頭，它距離我們的貨輪大約只有五十碼的距離，所以在它消失於黑夜之前，我已經把它看得一清二楚。

晚餐時，我問維特羅船長，稍早的那艘船是否海盜船。維特羅船長非常的瘦弱，看起來不太像水手，倒是比較像老師。

他對我緊張的笑一笑說：「不，不！現在不會有海盜的。或許幾天之後會看到也說不定。」

「那明天呢？明天會看到海盜嗎？」

「或許吧！奈及利亞附近都有海盜。」

現代的海盜可能只會選擇私人的遊艇下手，但在狄克魯的時代，海盜可說什麼船都搶，甚至幾乎每一個人都有可能是海盜，就算是最受人尊敬的船長，偶爾也會襲擊其他的船隻。狄克魯出航一個星期之後就遇上海盜，根據狄克魯的說法，這些海盜都是突尼西

亞人，他們是趁著夜深人靜的時候攻擊熟睡中的狄克魯與其他船員。幸好，狄克魯的船上有二十六架大炮，最後他們還是把這群海盜趕走了。

可惜的是，我們並沒有遇上任何劫難，沒有海盜、沒有鯨魚，甚至連陸地都沒有。我們經過了摩洛哥、神秘的茅利塔尼亞，最後是享有盛名的西撒哈拉。

西撒哈拉是世界上少數沒有政治體系的國家。我不斷的想著，如果我搭的船不是現在這艘，而是上次我到葉門的那艘卡希德號，那就更好了，因為那艘船一定會壞掉，這樣的話，我們便可以做一些探險。我所搭的船牢固得很，並以每小時十五哩的速度航行。

我覺得這艘船的主要問題是在於搭乘中，並沒有讓你難受到類似歷險記那樣令人難以忘懷，可是它又稱不上豪華，足以讓你感到悠閒舒適。

狄克魯與咖啡樹苗

雖然沒有被海盜掠劫，但狄克魯卻也從這個事件中得知荷蘭政府在他的船上暗藏間諜。當時，在爪哇的荷蘭政府已經開始生產大量的咖啡，他們跟阿拉伯人一樣，希望能獨佔咖啡事業。很可惜的是，我們缺乏更多有關這類間諜的資料。狄克魯自己針對這個事件說：「因為有人妒忌我將可以嚐到我為國家帶回來的珍貴物品，所以想偷取我的咖啡樹苗。我為了不讓他得逞，確實花了好一番功夫。」最後，間諜還曾企圖摧毀那些咖啡樹苗呢！

原來，由於間諜企圖偷取狄克魯的咖啡樹苗，所以這位法國船長必須日以繼夜的守候在咖啡樹苗旁邊。在白天時，他隨身帶著；到了夜晚，他則把樹苗鎖在房裡。要不是因為狄克魯有一個特製的容器可以用來裝樹苗，荷蘭間諜或許能得手。在狄克魯之前，所有的植物都是放在一個籃子裡，然後再放入蘆葦做成的籠子運送，雖然植物可以吸收到陽光，但卻同時暴露在具有侵蝕性海風之下。狄克魯發明了第一個可攜帶的小溫室，是一種用木板及鐵絲做成的盒子，盒子上方是玻璃做的，這樣一來，鐵絲可以通風，又可以防止老鼠侵襲，而玻璃還具有保溫功能。後來，這種模型就被用來當作運送植物的工具。有一次，當荷蘭間諜終於有機會接近咖啡樹苗時，也是由於這個小型溫室的鐵絲結構，使間諜無法輕易將咖啡樹苗從土壤裡面挖起來，所以在他被發現之前，只來得及拔下一小株的枝葉。

　　到了一月二十日左右，船向右拐了一個大轉彎，駛進大西洋，而途中一直跟隨我們的海鷗也消失了，接下來的六天，我們幾乎看不到任何一種動物。在這段期間，我大多窩在船頭，一邊閱讀《白鯨記》，一邊聽海浪打在船身的聲音。我認為自己已經和船長一樣在海上冒險。我為了看夕陽，因而略過晚餐的時間。大部份日子的夕陽都大同小異，比較特別的是，這些日子的夕陽都只屬於我的，因為船上只有我一個在外頭看夕陽，況且除了我以外，幾千哩之內都沒有人，所以只有我才能看到此美景。

　　到了二十六日，我們早上起來看到一群海鷗在海面上忙著捕飛魚，就在那個時候，我們也看到了綠地，當時我們正要經過赤道。

船長請我們到游泳池旁，頒發經過赤道的「證書」。副船長則打扮成納普敦（Neptune，羅馬神話中的海神），用溶化的巧克力讓各位乘客受洗，受洗完後再跳入游泳池泡水。

狄克魯的船上雖然沒有游泳池，但我相信他對水存在著憂慮，因為就是在這個地帶發生過著名的狄克魯缺水事件。原來駱駝號離開馬提尼克約一百哩的時候，因為碰上狂風暴雨，船身破裂。雖然平安度過暴風雨，可是破裂處卻無法修補。不久，船身開始進水，所有不必要的東西都得丟下船，包括一部份的飲用水。

暴風雨過後，卻又是一陣死寂，又過了兩星期，一點風都沒有，船員開始後悔將飲用水丟入海中，因為像這樣的風平浪靜的天氣有可能維持到一個月。每個人每天只能喝半杯水，這對一個人來說根本不夠，更不用說是一棵中等咖啡樹苗。這也是為什麼狄克魯會犧牲自己的飲用水，分給這棵咖啡樹苗了。

狄克魯寫著：「我願意為這棵咖啡樹苗而犧牲自己，因為這棵小樹將帶給我許多榮耀，如果我真的死了，我也認命。我本來就知道咖啡可能帶給我的命運。」

許多浪漫主義的詩人都拿狄克魯為咖啡樹苗所作的犧牲，作為寫作的題材，可是他們所寫的詩幾乎沒有一首具有足夠的水準，就像英國詩人查理士・藍姆（Charles Lamb）所寫的這首：

每當我喝香濃的咖啡時，
便會想起這位法國人，

因為他崇高與堅忍不拔的精神，
讓咖啡能夠成功到達馬提尼克岸。

但很快的，這棵他所珍藏的樹苗，
因為沒有水，即將在船上枯萎。
可是，就算自己快要渴死了，
他還是犧牲自己，將水給了這棵小樹。

也有藝術家將此故事畫成一張畫。到了1816年的時候，荷蘭
商人為了紀念狄克魯的犧牲，特別訂做一套咖啡杯。此外，馬提
尼克島上也有一座植物園就以他的名字命名以茲紀念，甚至還有一種
植物也用他的名字命名。

然而，最棒的致敬紀念仍屬狄克魯的曾曾曾曾曾曾曾孫女柯特
羅女士，幾年前碰到一群十歲大孩子哼的小曲：

給我們的爸爸
喜愛咖啡者

去了馬提尼克
靠近美洲的地方

在一艘大船上
他犧牲了寶貴的飲用水

狄克魯先生

我們跟你說再見

也許我是在取笑這件事，但狄克魯確實做了很危險的犧牲。人體若完全缺乏水份，便有可能會在四天之內休克死亡。而且吸取太少量的水份所造成的傷害是會累積的，而他所攝取的水份，比一般該有的八盎斯的一半還少。他的身體會先消耗掉身體內細胞所儲存的水份，這樣會導致腎衰竭，而當毒素在他的血液中蔓延時，他會開始感到肌肉僵硬、頭昏腦脹，然後開始產生幻覺，最後死亡。

然而，這些事都沒有發生在狄克魯身上。風速變大了，在一個沒人知曉的某一天，狄克魯唯一存活的咖啡樹苗抵達了馬提尼克島，僅僅小指般的大小。狄克魯將這棵小小的樹苗種在他的花園裡，二十四小時照顧它。不到五年時間，馬提尼克島已繁殖了二千多棵的咖啡樹，五十年之後，島上已經有一百八十萬棵咖啡樹，而它們的後代今天生產全球百分之九十的咖啡。

沒聽說狄克魯有後代。雖然他曾結過四次婚，而他六個孩子中也只有一個活下來，他自己則在巴黎窮困的生活中離開人世。因為他曾是貴族，所以他在聖敘爾比斯（Saint-Sulpice）的墓地也被法國革命軍破壞了。今天，只要花十五元法郎即可在巴黎的地下墓區參觀他所留下的墓地遺物與無數的無名墳墓。

五天之後，一股淡淡的硫磺味告訴我們，里約熱內盧（Rio de Janeiro）已經離我們不遠了。

15._

巴西奴隸王國

我寧可看見自己的母親腐爛，也不願意讓奴隸自由。

——巴西咖啡大王

巴西，里約熱內盧（Rio de Janeiro）
→巴西利亞（Brasilia）

巴西利亞

里約熱內盧

咖啡與奴隸

奴隸與咖啡一直是如影隨行，就像奧羅墨武士將咖啡豆帶進哈拉一樣。最諷刺的是，當這些非洲人來到新世界時，他們收割的是同樣偷自非洲的咖啡。南美的咖啡需要有大量的奴隸來幫忙生產，也因此永遠改變了非洲與新世界的命運。

狄克魯把咖啡苗帶到馬堤尼克十年後，法國政府開始每年引進三萬名非洲人做奴隸，目的是想成為全世界最大的咖啡生產國家。其中被抓去做奴隸的人幾乎有一半客死異鄉，可是法國仍然成功地達到目標。直到1791年，海地的奴隸成功的推翻了法國政府，接著就成立西方世界第一個擁有自由的黑人國家。

以數量而言，巴西所引進的奴隸位居全球第一。在兩百年內，有大約三百萬名非洲人被帶往巴西的私人咖啡王國做奴隸，另有五百萬人到甘蔗田工作。相較之下，北美洲只有一萬五千名不到的奴隸。

巴西的種植田園與奴隸社會的模型，仍然是現代巴西的基本結構，只有百分之十的巴西人擁有全國百分之五十四的財富，而奴隸的直系子孫是文盲或是貧民的機率比一般人的子孫多十倍以上，雖然只有一半的人口是混血兒，但是在貧民區所看到的小孩幾乎全都是深色皮膚，而在海邊玩耍的，皮膚明顯白了一些。

「那是事實，但我們大家都是朋友。」馬利歐說。

我們坐在里約熱內盧知名的科巴卡巴納海灘（Copacabana），看著海灘上正在進行的一場排球比賽。玩排球的人都是典型的里

約熱內盧人，他們擁有完美的身材、古銅色的皮膚，雖然我看不出來，可是淺膚色的巴西人馬利歐卻說其中只有一位是正統的非洲人。

「你看，他是非洲人，可是也沒有人在乎啊！」他指著一個穿著紅色名牌泳褲的黑人說：「他可能住在Favela（貧民區），誰會在乎呢？一件泳褲也值不了什麼錢，但這些都沒有關係，玩排球才是最重要的。」

Favela是在一個山腳下臨時搭建的簡陋小屋區，居民有時會搬進科巴卡納海灘上的公寓大廈。想像邁阿密與加爾各答兩個不搭調的城市結合的樣子。

「你的意思是說，因為他可以自由的在這裡玩排球，就表示巴西沒有種族問題嗎？」

「不，不，當然還是有問題。黑人比較窮，但巴西人並不在乎錢。看看你們國家……有些黑人多有錢，像麥可‧喬丹或是鮑威爾將軍，可是白人與黑人還是無法和睦相處。每一個人永遠都想要得到更多。在巴西，錢並不是最重要的，所以我們都可以和平相處，這就是我們不一樣的地方。」

「他們為什麼用腳玩排球呢？」我問他。他說，他們的排球隊都是用腳發球的，對打與殺球也是一樣。這種球賽是里約熱內盧獨特的運動。他們甚至可以用腳來調音響的音量大小。

「難道他們不知道猴子跟人的差異就是因為我們用手嗎？」

「在里約熱內盧，我們大家都是這麼玩的，這就是里約的運動方式。」他說。

「你也是嗎？」我看他不太像是喜歡玩球類的人。

「除了我以外。」

我指著一隻狗，牠一直在球場上玩一顆椰子，用嘴推來推去。「也許這隻狗想告訴我們如何用嘴玩球。牠會說這是狗的玩法。」

馬利歐笑了，他覺得我很幽默。可是他會講我的語言，我懷疑他是不是心懷鬼胎，說不定會對我不利，搞不好要洗劫我呢！

咖啡帝國最興盛的地點位於里約熱內盧與聖保羅，在那裡種植三、四百萬棵咖啡樹是很普通的事。我想要找的是赫赫有名的葛歐穆果（Grão-Mogol）經營的咖啡園，他是一位葡萄牙貴族。馬利歐將巴西的奴隸社會概括為一個精神分裂的社會，可是根據他的說法，這個奴隸社會仍然「帶給大家許多樂趣」。

這位惡名昭彰的咖啡王所經營的咖啡園就位於里約克萊爾（Rio Claro）。當時，里約克萊爾也是一個小有名聲的地方，如今只是通往聖保羅的一個市郊城鎮，只有一些鬱鬱寡歡的青年人成天模仿著美國的偶像明星。

里約克萊爾非常熱，那是我到過最熱的地方，我在那裡的日子，平均每天都在華氏120度左右。因為我的地圖已經很老舊，所以第一站先到市政府要一份最新的資料。那時市政府大樓外面正排著一大群人，原來大家都是為了購買樂透彩券而來。我就近向一個人詢問計畫處（planning department）在哪裡。

「我們城裡沒有什麼計畫處！」他回答：「我告訴你，這裡沒有人會計畫任何東西的！巴西政府不做計畫的。」

最後我還是找到了計畫處，我向一名叫琳達的職員謊稱自己是

學生，正在做咖啡種植園歷史的研究。我問她是否知道葛歐穆果咖啡王的種植園在哪裡。

「葛歐穆果？知道啊，那是法茲安達的羅西（Fazienda Angelique Rossi）家族。」

「他們是誰呢？」我問。

「我想他們就住在法茲安達」。她用葡萄牙文對裡面喊了幾句，然後對我說：「他們在幫你找地圖了。」

櫃檯後面的聲音越來越吵雜，原來幾乎一半的計畫處人員都在幫忙找地圖。我又問咖啡王是否仍有親戚在世。

「他們都不在了。」她說：「我帶你去看。」

咖啡王的種植園距亞佳披（Ajapi）村莊約七公里遠的地方，到現在還存在著。可是到亞佳披的公車一天只有三班，車站距離里約克萊爾約二十多公里。琳達建議我搭早上七點的車才不會太熱。

我說，「謝謝妳！妳人真好。」

「當然，如果他們還在生產咖啡，那就請回來告訴我們，我們也應該要知道這些資訊。」她說。

後來我才知道亞佳披原來指的只是一條街的街名，由於早上熾熱的陽光，到處顯現白色的景色。有一輛便車讓我在一間咖啡館兼酒吧的商店前下車（因為公車一直沒來，所以我就搭了便車），那是由一位戴著眼鏡、身材圓胖的女士經營的。

我走到櫃檯點了一杯巴西式的濃縮咖啡，叫做cafézinho。這種濃縮咖啡的泡製方法是用滾燙的熱水慢慢沖泡到一個類似短襪的袋子，裡面裝有磨碎過的咖啡，等全部的熱水都從袋子濾過以

後，再重新將濾過後的液體往裝有咖啡的袋子倒下，再濾過一次，如此前後重複十次，直到你滿意的咖啡濃度。這種方法泡製下來的咖啡非常香濃，但也很苦。這種濃縮咖啡，法文叫做「Jus de Chaussette」，意思就是皮鞋的汁液（shoe juice）。泡好後，老闆娘的小兒子，一個戴著棒球帽，大約十二歲的小男孩，幫我將咖啡倒進一個粗柄的小咖啡杯，那杯子裡面已經裝有幾乎半杯的糖。[1]

我接著向老闆娘詢問，問她是否聽說過咖啡王的種植園在那裡？

「噢！」她說：「他的農場大概離這裡有五公里。」

「不，不！」她的小兒子插話說：「到那裡要七公里，不，應該有八公里遠！」

我又向她查詢目前住在那裡的家族叫什麼名字。

「當然叫羅西啦！」她說：「每一個住在亞佳披的人都叫羅西。」

根據老闆娘的說法，羅西家族大約有五百人住在那個村莊，她的咖啡館大概有該社區中心的客廳，以及地方政府大廳兩個加起來的兩倍大。咖啡館的隔壁是一間戶外的牛排餐廳，那是一處碗形的小巷。在天氣皎好的晚上，你也可以帶著咖啡坐在外面鑲著已褪色的綠松石的長椅上，那個地方也有公車站的兩倍大。

「我想妳的客人大多數一定都有親戚關係吧？」我說：「他們會不會老是要求打折呢？」

---

1. 這地區產的咖啡豆叫做利歐特（Riote），比較特別的是味道非常苦澀，叫人無法忍受。據說這是世界最差的咖啡豆，因為含有高量的碘與鹽份，不過仍受紐奧良與土耳其民眾喜愛。

她笑著說：「打折？他們已經很幸運了，我並沒有算他們兩倍錢呢！」

羅西家族於十七世紀半來到巴西時，當時有一些咖啡王曾試圖將歐洲的契約僕人帶過來做事。但這些歐洲僕人並不適合咖啡種植園地主的需求，主要是因為他們不願意像這裡的奴隸那樣一天做十四小時的工，而且要求建造自己的學校，有些甚至還讀到比咖啡商王更高的學歷。

更誇張的是，當這些高傲的歐洲僕人存夠錢後還會要求自由！因此，大多數的咖啡商都會立刻以當地的奴隸來取代歐洲的僕人，而多數的歐洲僕人在存夠錢之後都回歐洲了，留下來的，十個人之中就有一個有足夠的經濟能力可以買地。

「我記得派卓・羅西（Pedro Rossi）買了一百公頃土地。那是大約在1920年的事情，當時他買了一個大咖啡商的房子。」她還告訴我一些有關咖啡商「瘋妻子」的事情。不過，她是以一連串的葡萄牙文說的，因為我懂一點西班牙文，所以還可以猜幾句。但因她的口音實在太重了，最後我還是搞不懂她到底在說什麼。

「不好意思，我實在一點也聽不懂妳在說什麼。」

她了解的點點頭說：「沒有關係。其實我也不太懂你所問的問題。」

葛歐穆果之所以選擇這個地點為種植場所，或許是因為紅土被視為最適宜種咖啡的環境。最優質的土壤是「羅沙土」（terra roxa），又稱為「紅紫土」。巴西的鄉下感覺上就像在英國嗑了迷幻藥之後的感覺，從遠處看過來，像是一片草原與矮樹叢。走近之

後才發現，我所認為的「草原」原來都是高達六呎的樹林，就像棕櫚樹那樣；而「矮樹叢」竟然是高大的鱷梨樹。

這些全都是鮮綠色的植物，使我的眼睛有點刺眼。許多與獅子狗一般大小的契齒動物在街上來回穿梭，這時有一個馬夫帶著一頭驢子從遠方向我這邊走過來，我於是站到陰涼的地方開始為自己盤算。

公里與公斤的換算我永遠搞不清楚，我只知道其中有一項應乘上兩倍才會成為美國的單位，另外一個應該減少一半，至於哪一個該乘，哪一個該除，我就是搞不清楚。

老闆娘說到咖啡莊園有七公里的路程，所以我不是有三哩的路要走，就是有十四哩的路程。差別這麼大，特別是在熾熱的陽光照射之下，氣溫熱到超過華氏100多度。因此我也對正朝向我這裡走過來的驢子感到安慰。

我對驢子有興趣，主要是站在歷史的觀點。因為一直到1913年為止，驢子一直是里約克萊爾唯一的交通工具，成千上萬的驢子攜帶著貨物，要花十天時間才能走到聖多斯。有些驢子被沙漠上自然形成的流沙掩埋，有些則被強盜所殺，還有許多驢子的背被三百多磅的貨物壓扁了。牠們都是咖啡的烈士，所以我想，如果我也騎在驢子上，來到咖啡王的咖啡莊園，這對牠的祖先來說應該也是一種榮譽吧！

巴西咖啡王

男子與驢子終於走到我面前，我問全身穿白衣的男子，他知不知道羅西家族。他說知道，接著我又向他說我正要前往此地。

「哇！好漂亮的動物啊！」我指著他的驢子說：「我可以摸牠嗎？」

男子的眉毛向上揚了一下後說：「當然可以。」

「到羅西的莊園有多遠呢？」我接著問他，他則一邊撫摸著驢子的側面，一邊回答我的問題。然後我就假裝很驚訝路途有那麼遙遠，又藉口說天氣這麼熱，自己有一條腿不好等等。最後，他終於同意以十美元載我一程。

在我騎上他的驢子以後，那男子問了我一大堆問題，好像他就是以前咖啡王專門抓逃跑奴隸的侍衛。他用西班牙文跟我講，他雖然不屬於羅西家族的人，可是他聽過這位咖啡王的故事。他還問我知不知道咖啡王騙人說他的妻子是瘋子，然後將她關在樓頂，一關就是二十幾年。他還跟奴隸生了一堆私生子，他的地下室就是他變態性生活的地方，也是那些童奴的睡房？

這些我都聽過。其實咖啡王並不只沉迷於性慾，他是所有奴隸主裡面比較先進的一位，他在遺囑中提到十五個與女黑奴所生的私生子。不過，他也「還給」奴隸所生的孩子自由。儘管如此，早在十年前，巴西政府就已經讓所有的童奴恢復自由。咖啡王與全國最大奴隸主的偽善行為比較起來還算是小事，而這位大奴隸主居然說他身為反對奴隸制度的人士，其實已經有二十年之久，他上百個奴

隸其實是屬於他妻子的，他只不過是在幫妻子「處理她的財產」罷了。

驢子是用來運送咖啡豆最好的運輸工具，可是卻不適合載我。除了步行緩慢之外，牠們尖尖的脊椎與鋸齒的動作，讓我覺得好像快要分裂成兩半。但我還是忍著痛，直到我們抵達山丘上的一座古宅。

「這就是咖啡王住過的地方，」他向我說：「你應該知道那是一棟鬼屋吧？」

我還以為咖啡王的住宅會像韓波在衣索匹亞哈拉的豪宅那樣，兩者比較起來，這棟大宅顯得有些簡陋，感覺上不像一個家而是一個堡壘。二樓十五呎高的窗子全部緊閉，唯一的出入口是房子側邊一個狹窄的石階梯，這種設計是為了防止奴隸叛亂時攻打進來。

我站在大門前喊了幾分鐘之後，自己走進了院子。真不知道這邊的禮儀如何。大宅院的一邊是一棟一層樓的現代房子，房子的周圍都種植小矮樹；還有一個紅土的院子，原先我以為是一個網球場，後來才知道這是他們傳統曬咖啡豆的地方。

我看見一位女士從現代屋子的屋簷下看著我，當我跟她招手後，一位穿短褲的年輕女子出現在我眼前。她叫卡蘿・安（Carol Anne），是派卓・羅西的曾曾孫女。派卓・羅西於1990年代向咖啡王的後代買下這塊土地。我向卡蘿・安表示自己是歷史系學生，她聽了就帶我進入大宅院。

我走進一看，這座大宅院相當破舊，單薄的牆壁，可以很清楚

的看到壁上的裂痕，裡面只有泥土與白蟻啃食過的木柱。腳底踩在地板上，不時發出嘎嘎聲音。

「如果到了雨季，這裡會變得很潮濕。」卡蘿‧安跟我說。一直到二十年前，羅西家族都住這裡，如今只剩下工人在使用了。

大約七百平方呎的客廳裡，零星的家具只有一張咖啡王時代所用的橡木桌子，還有另一件家具，一張六〇年代淺藍色發亮的諾加海德（Naugahyde）沙發椅。而大多數房間都是空的。卡蘿‧安帶我到樓上一間狹小的閣樓，說這就是咖啡王的妻子被拘禁的地方，從房間裡唯一的窗子看出去是一個廣場，這廣場是當時如果女奴隸與咖啡王所生的孩子死了，女奴隸就必須在廣場上向咖啡王道歉，沒有好好的「照顧他的財產」，咖啡王也會帶他所有的奴隸在廣場禱告。

「瞧！」卡蘿‧安打開一扇矮門，矮門的另一邊是一個三十呎高的空間。下面是咖啡王睡覺的地方，現在已全部封鎖了。卡蘿‧安不清楚為何當初會有這道小門。我問她是否知道咖啡王折磨奴隸的事情。

「當然知道。」她愉快的回答我：「在地下室裡頭。」

地下室裡有滿地的碎玻璃，卡蘿‧安卻赤腳走過這些玻璃。她說：「他（咖啡王）就是把她們綁在這裡。」

咖啡王以他家裡最中心的那根主要棟樑，作為他鞭打犯人的支柱。那是一根很粗很粗的柱子，外面還包著一層烏黑發亮的鐵皮保護那根棟樑。從四十呎高的屋頂看下來，這根棟樑好像就從屋子正中間插進來似的，感覺這棟房子完全是靠這根棟樑支撐著。

咖啡王的忠僕是來自巴西且獲得自由的非洲人，咖啡王離去之後，他就與羅西家族住在一起。根據他的敘述，葛歐穆果的社交活動都是品嚐美食，他性慾強又有些變態。首先，會有一場宴會，接著所有的客人（幾乎都是男士）會一起到地下室，任選一個非洲女奴享受她們提供的服務。我們這位咖啡王當時是里約克萊爾的議會議長，所以他的宴會都提供上等的服務。

我不好意思的問卡蘿·安，她是否知道哪一種痛苦最能滿足咖啡王的變態行為。我們只知道許多咖啡王當時最喜歡用的刑罰工具，就是一條有五個尖叉的鐵頭鞭子。一次鞭打四百多下是很平常的事，有許多奴隸經常被活活鞭打到死，因為這種行為是違法的，所以這些奴隸的死因都會被造假，像「嚴重中風」就是他們常用的藉口。而存活下來的奴隸也好不到哪，因為這些變態的管理者會用鹽巴或醋塗抹在他們的傷口上。就有許多奴隸因此而患上重度憂鬱症，也有因為太想念非洲，而造成另一種慢性自殺，還有一些母親會親手殺死自己的嬰兒。

那根樑柱從地面開始三呎高的地方，有一個黑色的鐵環，根據卡蘿·安的說法，這就是咖啡王用繩索綑綁奴隸的地方。我一邊摸著鐵環，一邊想著，這真是一個變態的世界啊！咖啡王最後還強迫奴隸為他建造一座紀念碑，以感謝他所給的自由。而這座紀念碑至今還在，只不過我沒有去參觀。

城裡有一個更適合他的紀念所在，因為這個城鎮的名字就叫做葛歐穆果，他是最近巴西奴隸制度再度崛起的一個中心，有許多的農夫被高薪的廣告騙到那裡，卻必須在薪水極低的煤礦坑工作。凡

是逃走的人，最後都會被抓回去打死。因為葛歐穆果城鎮的關係，巴西到現在仍舊是西方社會中奴隸最多的國家，從1989年的五百九十七人一直增加到1996年的兩萬五千人。

突然有人拍了我的肩膀，原來是卡蘿·安。「先生，你看完了嗎？我要去寫功課了。」

聖靈、異教徒與外星人

咖啡帶給新世界的不只是奴隸制度，非洲人還把他們的神一起帶過來，如果我沒猜錯的話，衣索匹亞的撒爾靈也是一起被帶過來的。也許我猜錯了也說不定，因為巴西的奴隸制度來自西非，而撒爾靈卻是東非的產物。

可是幾百年前，在奴隸販賣者還沒來到非洲以前，蘇菲教派的教徒為了傳播伊斯蘭教，走遍整個北非時，似乎也已經傳播了咖啡的種子，而且一直傳到奈及利亞。雖然奈及利亞的波利撒爾教（Bori-Zar）在蘇菲教到來之前已經存在了，而類似的名稱以及同樣的儀式，都代表這兩種宗教之間確實有過密切關係。

不過，撒爾靈好像到了奈及利亞之後便沒有再外傳了。我在倫敦與巴黎翻閱過無數的書籍，雖然有上百萬的非洲人曾被運往巴西，還有那些非洲式的巴西儀式，但我仍然找不到任何資料可以證明撒爾靈與新世界有任何直接關係。

這一點有些不合理，難道撒爾靈沒有在巴西人開始熱愛咖啡之後，要求人們前來祭祀嗎？也因為如此，我在參訪過咖啡王的大宅

院之後，我前往一個叫做「黎明之谷」（Valley of the Dawn）的地方，因為我聽說那裡有一所大學專門研究與宗教相關的課題，我認為我要找的答案應該就在那裡。

告訴我這些的，是一個我在里約認識的朋友，他是新世紀的美國人。他向我說，這個黎明之谷就位於巴西利亞（Brasilia）附近。「就在正中央，在第十五與十六行的中間。」他一副很懂的樣子看著我。

巴西的首都巴西利亞，是1960年代一項龐大的城市建設計畫，一個完全預先設計好的城市，在三年內於亞馬遜的叢林中建造而成。外圍的貧民窟環繞著這個城市，我聽許多人說這個地方簡直是人間地獄。我剛到巴西利亞的時候，並不覺得真如其他人說的那麼悽慘，只不過是另一個不知哪裡掉下來的醜陋城市罷了，我倒覺得很像洛杉磯呢！

大學距離巴西利亞大約有八十哩，我在等公車的時候，有一個男子開始與我聊天，他說可以帶我到這所大學。

「你要去黎明之谷嗎？」我還來不及回答，他就把手放在我的肩膀上，像是要讓我安心的樣子。「我會帶你去的，我們是朋友，我叫麥斯特。」他說。

「謝了！」我說。麥斯特是一個怪異的人，他唯一的表情就是臉部的抽搐，只要我們每次眼神交會，他都會有那種表情，我猜那應該是他發笑的樣子。在公車上，我這位新的朋友就坐在我身旁。一路上都是平淡無奇的鄉野景色，巴西讓我可以聯想到的地方就是高爾夫球場。公車來到一個黃色的拱形門前面，門上畫滿星星與月

亮。

「你知道這裡是靈界的最高境界嗎？」他邊說邊把我拉下車。「你想進去嗎？你想看看我們做的事嗎？」

「嗯，當然啊。」我不確定的說。我一直盯著拱形門另一邊的群眾。這真的是一所大學嗎？

「來吧！」他帶著我穿梭在人群裡，進入一個沒有窗戶的建築物。裡面所有的人都穿著奇怪的制服，等我眼睛開始慢慢適應建築物內的光線之後，我發現自己站在一個長屋裡，屋內的牆上全都是許多宗教的標誌與符號，大衛之星、十字架等等，顏色都是以紅色和黃色為主。在屋內的另一頭是一座十二呎高的印地安女人雕像，手中拿著一把巨大的鐵矛。

「這就是我們做儀式的地方。」麥斯特一邊說，一邊帶我到一個長凳上坐下，要我在那裡看看他們的宗教活動。

在那裡，只要是女的，身上都穿著紗布上衣與粉紅色或藍綠色的布裙，這種裝扮看起來好像是阿拉伯式的服飾，尤其是帽子。而男士都穿著緊身黑色的牛仔褲與大牛仔帽，以及短到腋下的小背心，這讓我想起《飆風戰警》（*Wild Wild West*）裡面的角色。有些還穿著長及膝蓋的灰色六英吋高領披風。他們到底在搞什麼？只看到大家圍繞著印地安的雕像，手掌朝著天，像是在吸取雕像的神秘力量一樣。有兩個年輕女子坐在雕像的兩側，一動也不動。

麥斯特回來的時候，手拿一杯乳狀的飲料，以疑惑的表情對我說：「這是水，喝下它吧，它有洗滌靈魂的作用。」

我喝下了，然後指著一張看起來很狂野的白種女人的照片，問

他：「這個女人是誰？」

「那是提阿・妮娃（Tia Neiva），我們的領袖。」他一邊說一邊將他的手掌朝向照片。

「喔！」我哼了一聲，然後有禮貌的跟著把手朝向照片。我知道妮娃是誰了。她是六〇年代巴西利亞在建城的時候，一個接收到外星人訊息的卡車司機。很明顯的，這根本不是一所大學，而是一個由外來飛碟的指示所建立的教堂。根據妮娃的語錄，這個教堂的主要目的就是在地球上準備好迎接 1999 年 12 月 31 日外星人的來臨。

有上百位祭司會聚在大衛之星漂浮在附近的一片湖，但其實這顆星是宇宙無線電波天線。他們可以接收訊息，然後對星球上的人吟誦下列這段祈禱文：「喔，來自神秘的喜馬拉雅、偉大東部 Oxala 的 Simromba，迎接我的到來，照亮我的靈體，讓我可以沒有恐懼的往新世紀旅程。」

當時我有點想回家，因為房間的熱氣與令人作嘔的味道讓我感到頭暈目眩。但是每次我要站起來離開，麥斯特總是把我推回座位，然後說：「難道你不想看一看我們的偉大事蹟嗎？」每隔一次他就越來越不耐煩，要我喝更多的「水」。我看到有些人吐在水桶裡，而且臭味也越來越濃。接著，有人開始發出恐怖的嗆聲、尖叫聲。

我推開麥斯特的手隨即離開。他跟著過來，催促我回去，說如此才能「了解」他們的儀式。那時我已管不了那麼多了，我還是上了公車，之後才發現我搭的公車走了相反的方向，接下來的四十五

分鐘，經過了許多村莊，村裡的人全都穿著異教的荒謬制服，看起來大約有上千人（據估計總共約有兩萬多名信徒）。

我坐在車上感到難以置信，根本無法相信這個世界還會有這樣的地方。我真不知道，如果他們所謂的外星人沒有來，而且什麼事也沒有發生，這些人會怎麼辦呢？

16.

非洲老奴隸的幽靈

猴子來了，咖啡樹都死光了，我們要吃什麼呢？
——巴西奴隸曲子，約 1800 年

巴西，巴西利亞（Brasilia）
→大坎普（Campo Grande）

巴西利亞

大坎普

Brazil

International boundary
State boundary
★ National capital
* State capital

我乘坐公車往玻利維亞的方向去。參觀過黎明之谷後，讓我感覺好像這次的旅行被下了詛咒，因此我決定放棄追尋撒爾教的行程。很顯然地，那些撒爾靈魂已經不想與我溝通了。

我在烈日下走遍了數百哩長的綠色大豆（soja）田野。這種綠色大豆長得很像棕櫚樹，它的葉子可長達六呎，葉子可以提煉出油脂。（我此時的感覺就像是一隻掉落在橄欖球場的螞蟻。）這種綠色大豆是巴西農業週期的最後一個階段。這個農業週期包括先燒掉森林，然後種植可以換取現金的農作物，例如咖啡。當土壤的養分耗盡了以後，需要讓它休息一段時間之後才可以再種植其他有價值的農作物，就像種植咖啡樹一樣。大家都知道，燃燒巴西的森林對於全球生態系造成很大的衝擊。

絕大部份咖啡愛好者還不了解的是，導致這項全球生態系破壞的一個重要因素，是為了供應他們對咖啡的需求。從前，大多數南美的農場都是使用「遮蔭式」（shade farming）的種植方式，當時還允許咖啡樹技巧的種植在傳統的樹蔭底下。可是到了七〇年代中期，巴西的農場大多改成所謂的「陽光生長法」。這意味著整座森林都會被燒掉，只有咖啡樹被保留下來。

對工人來說，這種環境的改變意味著只剩下具強大殺傷力的大太陽與炎熱。對整個環境而言，代表著森林的砍伐，殺蟲劑的大量使用，以及土壤品質的降低。其中最緊迫的問題就是生物多樣性及鳥類減少。有將近百分之六十的北美洲鳥類飛到南部或中美洲過冬，當傳統的樹蔭種植農場消失後，牠們便無家可歸。根據華盛頓省的「史密斯松寧鳥類遷移中心」（Smithsonian Migratory Bird

Center）的報告顯示，太陽直射的農場遠比有遮蔭的農場少了百分之九十的鳥類數量。

到了後期，又開始有了販賣「遮蔭式咖啡」的趨勢。這意味著這些咖啡豆又可以生長在一個較傳統，而且更友善的環境。而且在質量上也沒有什麼區別，這或許可以作為任何煙毒犯為他吸毒的習慣做合理的辯解。

在大約三十小時地獄般的路程之後，我到達了邊界附近的大坎普鎮（Campo Grande）。這是一個牛仔小鎮，這裡的車站設計成一個讓來訪的南美牛仔在車站裡就可以滿足一切所需。這裡有兩間色情劇院，在我訪問期間上演的是「週五夜間的歡樂」，三家理髮店，還有好多間的酒吧。所有的店都提供一次買齊的「牛仔日常小包」，每包裡面裝有三袋白米、四袋豆類、豬肉罐頭、洗衣粉、髮膠，還有五塊肥皂。

離開車站是另外一個中型的城鎮，到處堆滿皮革製品，其他可以看得到的就是一層樓高的西班牙式建築。由於天氣太炎熱，人們在吃冰棒的時候，如果不再舔冰棒，都會把它直接放進酒杯，然後再把溶化在酒杯裡的冰棒汁喝掉。

很奇怪的是，他們竟然為他們所謂溫和的氣候驕傲。

「你曾到過庫亞巴（Cuiabá）？」旅館經理嘲笑著說：「那裡今天的溫度高達攝氏45度（華氏113度），而這裡只有39度（華氏102度）」。

他把一些玉米花踢出我的房間。

「我不了解為什麼這個房間會那麼髒，」他戴著一頂白色淺底

的軟呢帽，皺著眉說：「我們通常對這種問題會特別小心！」

幾分鐘後他回來向我解釋。

「這個房間仍然有人休息！」他以勝利的口氣說：「我就知道髒亂一定有原因的。」

他帶領我到另一間同樣凌亂的房間。我問他有關我在附近一棟大廈前面看見的人群。

「那是幽靈中心。」

「什麼是幽靈中心？」

「是巴西幽靈。」

這是我在巴西的第一個幸運假期。在我參觀每一個城鎮的時候，我都會詢問有關非洲巴西的幽靈崇拜，它一直處於隱密的活動，到最近才被合法化。

這個幽靈中心是我隔天上午參訪的主要目的地。然而當我正要出發的時候，酒店的櫃檯人員卻阻止我。「你就是那個詢問幽靈的人吧？」他用力眨了一下眼睛說：「有問題，是吧？」

他的名字叫馬力歐（Mario），長得很肥胖，有一張愉快的臉孔，但耳朵卻蓋著一個紫色的套子。他告訴我，幽靈中心發源於卡德克主義（Kardecism），是十九世紀法國心靈學研究者阿蘭・卡德克（Allan Kardec）發揚光大的。但這根本是浪費時間。

「你想要與 Boresha 談話吧？」至少我聽他的意思是這樣的。這使我吃一驚：這聽起來好像是他說了 Bori-Zar。

「你說什麼？」

「Boresha，」他重複著，並把名字寫在白紙上：O-r-i-x-a-s。

我知道這個字。Orixas 是非洲巴西崇拜的幽靈，我在巴黎作研究時曾看過這個字無數次。我不明白的是，為什麼讀出來的時候會有一個 [b] 的發音呢？而 x 的發音卻為 [za]。原來康董布雷教（Candomble）的 Orixas 是非洲的 Bori-Zar 幽靈。

馬力歐不知道什麼是康董布雷教。而他的妹妹是一位崇拜烏姆邦達教（Umbanda）的女教士。我在想是否我也應該去見見她呢？

「有問題嗎？」他給了我另一個特別的眼色看。「我知道你一定有問題。」

「我有許多問題。這要花費多少錢呢？」

馬力歐舉起雙手拒絕。「不！不，這不用花錢，沒有必要給錢的。」

「真的？」我高興的說著，我突然想起了我曾給埃賽俄比亞的撒爾教士帶一些綠色的咖啡豆「禮物」。於是就我問他：「我是否該帶些禮物呢？」

「帶禮物當然很好囉！」他說：「他們喜歡龍舌蘭酒。」

普雷托・威赫的故事

我預測倘若撒爾教還存在於這裡的話，那將會變成康董布雷宗教的一部份。不過，看起來好像烏姆邦達教更為突出，烏姆邦達教目前是康董布雷教的一個分支，為巴西都市貧窮階層人的普遍信仰。康董布雷教徒遍佈北部，是非洲傳統文化的中心信仰，而烏姆邦達教則分佈在南部。這兩個宗教的信徒都在名為 Terreiros 的教

會作禮拜，這個名字原意為用來曬乾咖啡豆的院子，就像我在葛歐穆果男爵的家中看到一樣。這兩個宗教都稱靈體為Orixas，也都是取自於波利撒爾教的宇宙論。康董布雷教的Orixas靈魂，意味著昔日非洲奴隸將他們的神明掩飾為天主教的聖人。萬神殿裡面包括有雙性人Oxamare，以及喜歡白玉米供品的Oxala。也不知道為什麼，烏姆邦達教的Orixas好像與衣索匹亞的撒爾靈較為相似，因為他們都是以種族為背景的典型人物，例如印地安靈「o caboclo」，或是歐洲武士「o guerreiro」。最厲害的幽靈則是普雷托・威赫（Preto Velho），他是非洲老奴隸的幽靈，他喜愛的供品當然是咖啡，而且要像兩千多年前他在非洲長大時那樣，以新鮮的咖啡豆烘培出來的咖啡。

隔天，馬力歐的朋友華特載我到烏姆邦達女教士那裡，我帶了一磅的咖啡豆，一箱雪茄和一瓶蘭姆酒。至於華特，他是一位體型臃腫，帶著哀傷眼神的白人男子，他看了那瓶蘭姆酒之後說：「我離婚了！」臉上沒什麼表情。

我們到達女教士的屋子時，她還在睡覺。華特和我就在她的黏土庭院前等待。越過籬笆，我能看見大坎普鎮現代街市的地平線。坐在一個巫師的庭院裡看著二十世紀地平線似乎充滿巴西風味；這個國家似乎一半的人生活在美國建築師萊特（Frank Lloyd Wright）和比基尼的白日夢裡，而另一半則生活在一個傳統的非洲村莊。

有一隻禿頭火雞走過來狠狠的盯了我一眼。一個男孩拿了水給我們。女教士妮娃漫步到外面，她開始向我們講普雷托・威赫的故事。

「普雷托・威赫是一個非常嚴肅的人」她說：「他不喜歡壞事。他對所有事情都會考慮很深。你不能嚇唬他，因為他遭受過那麼多的磨難。在他的腳踝附近是被鎖奴役的鏈子弄的傷痕，他的手腕也是。而他的背部還佈滿被主人鞭打的傷痕。有時候你還要幫他把咖啡放到他的嘴前，因為他的手腕仍然被吊掛在那艘奴隸船上。他很老，但卻老得很有智慧，他是非洲之父，這就是為什麼當他嗅到烘培咖啡的時候就會走過來，因為咖啡來自他出生的地方。他喜歡咖啡的程度不下於菸管。沒有什麼東西比夜晚坐在椅子上抽菸喝酒更能使他愉快。」

　　她說普雷托・威赫很喜歡小孩子。在九月份，他們有特別的假日，「所有的小孩都會來看他，使他非常愉快。」

　　如果我看到走在街道上的妮娃，我會以為她是一個秘書。她是一個肩膀寬大的婦女，短短的黑人髮型使臉龐顯得特別方正，她的穿著很像是一個教導有氧運動的老師：桃紅色貼身襯衣和俗氣的白色長衫。她的嘴脣塗著鮮紅的顏色。她告訴我關於其他的非洲幽靈，特別是阿納塔西亞（Escrava Anatasia）。她是一個婦女，由於嘴巴被套著一個鐵製的口罩，「所以當她被奴隸主無情虐待時根本無法大叫。」此時，不由得使我想起葛歐穆果男爵那個狂歡放縱而

普雷托・威赫（圖右），是非洲老奴隸幽靈。

且殘暴的派對。

「你看過普雷托・威赫了吧？」她問道。我見過許多他的雕像。他被刻畫為一個身穿白色，頭戴一頂寬大的草帽，感覺親切的非洲之父。他時常一手拿著玉米穗軸作的的菸管，一邊悠閒的坐在椅子上。

「是的，他喜歡抽菸管。對於雪茄，只是還好而已。」她指了我帶來的盒子。「他喜歡他的菸管、他的酒及他的咖啡。這些都是好東西。你想與普雷托・威赫講話吧？」

我猶豫了一下，畢竟我不是一個真正的信徒，我想，如果我讓她白費功夫做降靈的法術，就很不尊重她了。不過我還真的想跟他說說話，當然我想。

妮娃看得出來我非常想。

「來！」她說：「我知道你很想跟他談話。」

她帶領華特和我回到一間門前掛有「TENDA OGUN」標誌的房間，裡面點幾根蠟燭，在房間的盡頭擺著一張長桌，上面刻有烏姆邦達雕像，還有十二個不同型態的普雷托・威赫雕像與幾個不同的天主教聖徒的雕像，包括聖喬治和聖母瑪麗亞。其中有一個印度女人的雕像，我曾在黎明之谷看過，還有一個讓我很迷惑的是一個金髮藍眼睛的小女孩，吸吮著小指頭。

妮娃開始激動了，像一個準備與她最喜歡的叔叔玩耍的孩子。她推了一根簡單的菸管到我的手上。「這根就是普雷托・威赫的菸管，我曾告訴過你他有多愛它。喔！他就是那麼愛他那支菸管呀！真的！」

她讓華特將菸草填滿菸管。她讓我敲擊大鼓。「這會吵醒他。他喜歡睡午覺！」她笑著說：「但這會吵醒那個懶惰的老頭！」她開始敲擊簡單的一二拍的節奏，以鬱鬱寡歡的小曲子歌誦著「堤雅瑪麗亞！堤雅瑪麗亞！」我注意到普雷托·威赫的人形站在桌上。他的身體似乎隨著他的柺杖向前傾斜。

「這是他的柺杖！」妮娃在我的耳朵呼喊著。她推了那白色柺杖到我的手上，柺杖的把柄雕了一個非洲人像。「他很老！很老！所以他需要柺杖。如果沒有柺杖最好不要叫他！」她開始被附身，親吻桌布、猛擊大鼓，又一邊歌誦。此時有一個粉紅色頭髮且卷髮的朋友走進屋子，接著點燃了菸管。妮娃在一陣抽搐之後，普雷托·威赫就出現了。

他是一個老傢伙，身子因年邁而彎曲，他一邊喃喃自語，一邊搖搖晃晃地走著。有人拿了我手上的柺杖給他，也有人拿凳子給他，普雷托·威赫坐下後馬上以殘破不堪的聲音抱怨起來。他想知道他的菸管在哪，華特馬上遞給他，幾分鐘後，威赫坐著開始抽菸並且含糊的說起話。我注意到被粉刷的牆壁在發光。最後，威赫握著華特的手，給他一個很簡短的祝福，接著便輪到我。

我詢問了幾個象徵性的金錢和未來的問題，但我真正的問題是我無法用我的女友妮娜給我的電話號碼找到她，而且我們在印度激動的分手之後，我不敢肯定她會不會理我。我問威赫，我是否應該回到紐約，回到她的身邊，或是該回到我兄弟在加州的家。

在巴西講西班牙語是令人憤慨的，因為他們大概知道我在說什麼，可是我卻無法了解他們到底在說什麼。威赫領會了我的問題，

普雷托·威赫在巴西的形象。

也充份回答。可是他那兩百歲的年紀所說的葡萄牙語，再加上某一種非洲方言，是完全無法被理解的。我唯一可以肯定的，就是他想知道我是否明白他講的話。我總是回答是；因為我總覺得我不可能要求一個千年的非洲幽靈講話時要放慢速度。

　　正當威赫回答我的問題時，我試著揣摩妮娃的臉孔，她好像變得很害怕，整個臉縮成一團。她的眼睛似乎消失在一堆皺紋當中。聲音仍然是她的，只是因為年紀大而有些顫抖。口水從她的脣邊滴了下來，她的呼吸發出菸草的臭味，而且那種氣味似乎發自她身體的每一個毛細孔，好像她已抽那支菸管好幾個世紀了。這整個過程我沒把握我的確與所有被奴役的非洲原始幽靈講話，而我也無法肯定我沒有；但我絕對相信妮娃一定認為我確實與非洲的原始幽靈講過話。

　　當普雷托‧威赫與我講話時，華特和卷髮女人開始聊起天氣。這世俗的行為使整個情況變得更加振振有辭。最後卷髮女士問我還有沒有其他的問題。我說沒有了。威赫於是祝福我，又祝福那位卷髮女士。在一陣顫抖之後，威赫便離去了，而妮娃則激動地說著關於一個即將來臨的節日。她說：「這裡的天氣很熱，我們為何不走出庭院呢？」

　　「那個，」妮娃在我們離開時問：「普雷托‧威赫與你說話了嗎？」

　　「有的。」我說：「謝謝！」

　　回程時，華特和我一路上都沉默著。這是他第一次參與這種儀式，雖然他是天主教徒，仍然感到非常震撼。我們兩人都同意，她

實在「非常厲害」。我問他是否想要五或十美元車費。他說他想要十五美元。我有點失望我們未能如同在衣索匹亞那樣烤咖啡豆。妮娃則認為那不是必要的。「什麼，他有酒和雪茄，這對一個老人來說還不夠嗎？」雖然咖啡豆對他與人民造成許多傷害，可是他們喜愛咖啡的程度跟我一樣。我想，如果可以跟他一起喝杯咖啡的話，應該會很不錯。

當然，我仍然不知道他為我做了什麼預言。那天一早，我在櫃檯碰到馬力歐和華特時，我才了解。馬力歐開口大笑著說：「那麼，」他用好色的眼光看了我一眼，「你的問題已經得到解答了！你要回到紐約與妮娜結婚吧？」

17

咖啡上癮之國：美國

· 用低咖啡因的濃縮咖啡，調製而成的大杯低脂拿鐵叫做什麼？
· 一個高高瘦瘦的麻煩。

——葛列費狄（Grafitti）於L-Café咖啡廳

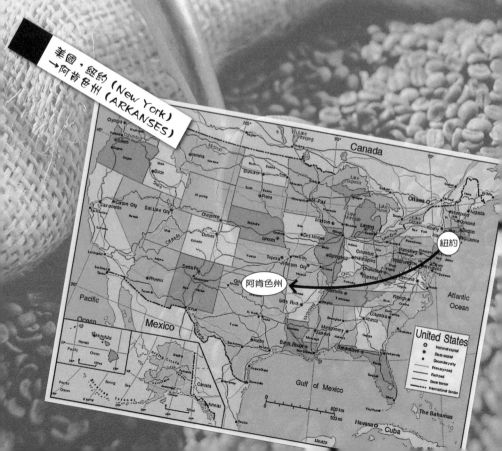

美國．紐約（New York）
→阿肯色州（ARKANSES）

紐約

阿肯色州

最難喝的咖啡在何處？

美國可以說是西方世界第一個完全以咖啡貿易立國的國家，因為約翰‧史密斯（John Smith）船長於1607年建立詹姆斯敦（Jamestown）殖民地。之前，他在中東的時候已經接觸過咖啡。五月花號不僅帶來美國第一批英國的新教徒，船上也帶了研磨咖啡的研磨機與搗搗用的杵槌。到了1669年，紐約已經開始有各種加了肉桂與蜂蜜的咖啡。一年後，美國第一家正式合法的咖啡屋在波斯頓開張，所有權在一個名叫桃樂絲‧強森（Dorothy Johnson）女士的名下。

跟母國英國一樣，美國的咖啡都不好喝，可是生意卻做得很大。波斯頓的「商人咖啡屋」（Merchant's Coffeehouse）是第一個證券競價場所，而華爾街上的「坦丁咖啡屋」（Tontine Coffeehouse）也成為紐約的證券交易所。到了1700年代，英國開始改以茶葉代替咖啡為主要的貿易項目。這種改變的因素相當複雜，但基本上是因為英國雖然擁有很廣的殖民地，但卻都沒有大型的咖啡種植場。而法國佔領了部份的加勒比海，葡萄牙有巴西，而印尼則屬於荷蘭人的。這代表每個英國人所喝的每一杯咖啡，都會讓其他歐洲的競爭國賺進一筆錢。但是，英國也沒有產茶的殖民地，只有印度北部所產的鴉片場。

鴉片對英國人來說只有一個用途，就是與中國的茶葉貿易[1]。剛開始的時候，兩國在鴉片與茶葉的交易價格還算合理，但久而久之，在中國人對鴉片上癮之後，英國人便開始提高價位。到了十八

坦丁咖啡屋是後來紐約的證券交易所。

世紀中葉，英國人花費在茶葉上的費用大約已經有咖啡的一半，而且從中國所獲取的利益也非常高。於是，茶葉公司便開始大力推銷茶葉的好處，迫使歐洲第一個最大的咖啡協會成為歷史。

　　當英國喬治國王要收取美國殖民地的茶葉稅時，美國也開始從

---

1. 英國人為了使中國人對鴉片上癮，舉兵入侵中國而導致「鴉片戰爭」；這是歷史上第一個到處充滿鴉片毒癮者的國家，為了鞏固自己毒品來源而與其他國發生戰爭。因為戰爭的關係，茶葉來源中斷一陣子，有人試著改用衣索匹亞咖啡代替茶葉，不過推銷到市場卻失敗。史丹浩斯博士（Dr. Stenhouse）將咖啡葉推銷到英國中下階級，形容咖啡葉是「可以接受的飲料，一磅才賣十二分錢」；根據《倫敦評論》（London Critic）報導，最後失敗的原因是「史丹浩斯對於化學知識甚高，但他不清楚人類的習性，不然不會將卡帝介紹給中下階級，而應該介紹給上階級社會。」若如此，咖啡葉就會從上階級擴散到中下階級，最後一定會成功。

商人咖啡屋是美國第一個證券競價場所。

喝茶葉改為喝咖啡。剛開始的時候，美國人拒絕購買茶葉，後來有一群愛國者喬裝成印地安人，將來自英國的茶葉倒入波斯頓海灣，也因而釀成了美國革命的導火線。至此，只要是典型的美國人，都只會喝咖啡。我們成為一個對咖啡因上癮的國家，舉凡要跑更快、賺更多錢、舞跳得更好，甚至是為了要心情更好，早晚都要來一杯。

很奇怪的，我們居然到現在還無法泡出一杯好咖啡。

我原先的計畫是，從巴西飛回紐約後要開車橫跨美國，尋找最美味的咖啡，看看哪裡的咖啡最香醇濃厚，哪裡的卡布奇諾最高級，或是哪裡的濃縮咖啡味道最強烈。我將自己化身為咖啡因的上

瘾者傑克‧凱魯亞克（Jack Kerouac，美國作家），然後來一趟追尋聖杯之旅，或者隨便都可以！

「你的想法錯了，」傑夫說：「美國咖啡難喝就是它的特色。你應該要去找最難喝的，而不是最好喝的咖啡吧！」

傑夫當時跟我正在等妮娜，我們就坐在「奧迪賽」（Odessa's）咖啡屋裡，那是一家位於曼哈頓東邊的古典咖啡屋。先前，我還害怕妮娜與我的感情出了問題，後來我發現是我多慮了，我還搬進妮娜在威廉斯堡的高級小公寓呢！傑夫是妮娜的朋友，一個頭髮灰白的男士，他是傳說中的「左手瓊斯樂團」（Lefty Jones Band）的團長，也是很愛喝酒及咖啡的人。他的理論很簡單：要找美國具代表性的咖啡，不是往技術方面找，而是要找最真實、最有文化的咖啡。這種咖啡在美國的文化裡面，就是來自鄉間餐廳裡面貌平庸、穿著條紋裙、戴著花圍巾的女侍，從玻璃咖啡壺裡倒出底部的混濁物，還可以一再續杯。我怎能不同意他的看法呢？美國本來就是以品質最差的咖啡或最不講究的方法烹煮咖啡聞名。很諷刺的是，一杯真正的美國咖啡與密西西比河的河水一樣稀薄、一樣多。以下是一個無名氏的小故事，敘述這種永不見底的咖啡。

故事是這樣的：有一個旅行家在鄉下的密西西比旅館過夜。他連續喝了幾杯咖啡，讓旅館的老闆嚇了一跳，當他為那個旅行家倒進第五杯咖啡時，禁不住說：「你很喜歡喝咖啡，是吧？」

旅行家很嚴肅的回答說：「是的，先生，我的確是很喜歡喝咖啡，我每天吃早餐時都會喝一杯咖啡。可是在我離開桌子之前，我非常希望可以喝足我當天想喝的量，你可以幫我一個忙嗎？請幫我

再準備一兩杯咖啡。」

傑夫聽完故事說：「對啊，你就是應該去找那種咖啡。」

妮娜與幾個朋友都到了，我們在那裡待了三小時，喝完幾杯杜松子酒之後，我們決定駕駛傑夫的金色凱迪拉克（Golden Cadillac）[2] 轎車上66號公路，去尋找美國最難喝的咖啡。當晚，五個勇敢的男女一起宣示要找到美國最難喝的咖啡：傑夫與女友克莉絲、妮娜和我，還有妮娜的好友梅格。不久，大家一個個陸續放棄這次尋求最難喝咖啡的探險，才過兩個禮拜，就只剩下兩位成員：梅格與我。

我們用一輛藍色本田雅歌轎車，取代了原本傑夫開的凱迪拉克，並且只有一個星期的時間要把車子開回洛杉磯。於是，我們準備很多錄音帶，還有一堆跟咖啡因有關的食品，例如：含咖啡因的口香糖、含咖啡因的水以及好幾種咖啡糖。其中，我們最珍貴的東西，就是那一小瓶發亮的純咖啡因。這瓶咖啡因是我從網路上一個咖啡狂熱者那裡買來的，他的網站上掛著一個抽動的眼球。

我和梅格於晚上八點準時起程，往南一路開下去，穿過紐澤西、賓州，經過維吉尼亞州的阿帕拉契山脈，接著又穿過肯塔基州與田納西州。我開了一整個晚上的夜車，一路上看到的只有飛蛾的屍體、高速公路中間那條白色分隔線、幾個加油站。梅格把腳放在車子的儀表板上，她的個子很高，大約有六呎，她有一頭紅色的卷髮，一雙突出的藍眼睛，讓人覺得不管你跟她說什麼都會很有趣。

---

2. 金色凱迪拉克，是來自阿拉巴馬州監獄的俚語，意思是「一杯加了牛奶與糖的咖啡」。

到了黎明的時候，我們交換位置，由梅格接手開車趕路。接著我就睡著了，一直到田納西州雅典城的一個小鎮我才醒過來。那時已經是早上十點了，溫度也已熱到華氏94度。我看了梅格的樣子，對她笑了一下；梅格也對我笑笑，我們蹣跚的走進一間叫做「早餐角落」的小餐廳。

女服務生對我們說：「早安，先生，要點些什麼呢？」

這間餐廳的格局很小，只有一個櫃檯與淺鍋。菜單是一個掛在牆上乳白色的招牌，上頭的字都是用磁鐵做成的，菜單的內容有比利時鬆餅、荷包蛋、煎蛋、藍梅烤餅，還有炒蛋。

女服務生看到我在看菜單，就對我說：「不用看那個，那個菜單都比我老了。」他指著貼在爐子邊的一張油膩膩的小卡片說：「這才是菜單。不過我們今天只有提供小麵包與肉汁醬。」

「喔，什麼是肉汁醬？」我問。

「肉汁醬就是淋在食物上的醬汁啊。」她解釋。

這「醬汁」是加了油脂與小碎肉調製而成的。我一邊吃，一邊看著梅格與女服務生聊天。這間餐廳的服務生只有兩位，她們的膚色都一樣白，都穿著有長鬚的短牛仔褲。

「曼非斯（Memphis）？你們是走240公路嗎？那差不多要開12小時。」她們說。

「可是只有兩百哩，搭阿迪斯阿貝巴的火車還比較快。」我說。

其中一位說：「我沒去過阿迪斯阿貝巴。你們哪裡來的？」

「曼哈頓，紐約。」梅格回答。

「是嗎？我還不知道紐約有紅頭髮的人呢。」

「紅頭髮的人？」梅格問。

「對啊！像你一樣啊！我可以問你的紅髮是真的還是假的嗎？」

「我的頭髮？」梅格說：「可以啊，真的是很紅呢！」

「你自己也同意呀！」服務生咯咯地笑著說：「你們從現在開始要小心開車，特別要注意那些巡邏的警車，因為路上有許多在抓超速的警察。」

她說的一點也沒錯。我們才一離開雅典城的郊區，就被田納西的州警攔下來，要我們在一家超商兼加油站旁停靠下來。因為我們的煞車燈壞了，他查了我們的車牌、身分證、車子的註冊單以及保險。我們還被問了許多涉及隱私的問題。警官的名字叫哈普，他的樣子跟獨立檢察官肯‧斯達（Ken Starr）很像，我想應該是巧合吧。他想知道我們要去哪裡，還有我們是怎樣相遇認識的，雖然他沒有明白問我們之間是否有不尋常的關係，但我想他一定存有懷疑。

最後他查我們的證件都沒有問題，警察就叫我再次到他的巡邏車上。

他有些失望的說：「一切好像都沒有問題。」然後他又彎過身子，用力的盯著我看，然後說：「你可以保證車上沒有任何不合法的東西嗎？」

雖然很無趣，但答案當然是沒有。我們本來打算帶一些毒品，使旅程增添一些樂趣，但考量梅格正要申請進入醫學院就讀，我們決定不要冒這個險。因為醫生只能持有合法的藥物。

「沒有，沒有違法的東西。」我回答。

「很好，那你應該會讓我搜車吧？」

我馬上想到那瓶咖啡因。雖然是合法，但是一瓶白色的粉末總會讓人起疑心。

「我是不怎麼樂意。」我哼著說。

「為什麼呢？你不是已經說過車上沒有違法的東西嗎？」

「是的，車上確實沒有違法的東西。但我要先跟你說，或許你會找到類似違法的物品，但那真的是合法的。」

哈普警官給我一個看不起人的笑容，然後說：「這個嘛，你不用擔心。我知道我在做什麼。我需要你在這裡簽字，同意讓我搜查你的車子。」

這有一點像小偷要收據一樣。如果我不簽，他會把我們帶到警察局，然後再要求搜查的許可證，或許會在雅典城耗上一整天。如果他又得到搜查許可的話，萬一那罐咖啡因被找到時，他們肯定不會相信那是合法的物品，而會說那是緬甸海洛因之類的東西。

「你居然讓他搜我們的車！你瘋了嗎？」梅格與我都被關在哈普警官車子的後座。其他又有兩位警察到場，正在幫哈普警察搜查我們的本田轎車。雖然他們只是幾個土包子，但是他們還是很仔細的搜我們的車子。梅格有點氣憤的說：「如果是我，絕對不會同意他們搜車子的！他們沒有權力這樣做。」

「他有槍，而我又很膽小。」我說。

「這下好了！」梅格說。哈普警官高興地朝我們這裡走過來，右手握著那瓶咖啡因。他靠近我們的車窗，問說：「你們不是向我保證車上絕不會有非法物品嗎？」

「是啊。你不是說後座會有冷氣嗎？」我問。

「這是什麼？」

「是百分之百的咖啡因，所以百分之百合法。」我跟他說那是從網路上買來的。

「網路？」顯然的，網路對他來說是一個黑暗、不正當的地方。「我要以持有可疑物品的罪名把你帶回警察局。」

「如果你認為是古柯鹼，嚐嚐看不就知道了嗎？古柯鹼會使你的牙齦麻掉。」我說。

哈普的表情好像在說，你的故事有破綻了。

「我不知道古柯鹼是否真的會使你那樣。你們坐好，我們已經呼叫聯邦警察過來一趟了。」

就在我們等待聯邦警察的時候，又有一輛巡邏車停下來。接著又一輛，不久又來了差不多六輛田納西州的警車停在我們的車旁，警察們則閒著晃來晃去，一邊作笑一邊將那小罐咖啡因傳來傳去。

「那幾個警察雙手擦著長褲，做出勝利的表情。」梅格抱怨說：「他們準備要把我們兩個紐約人關起來。這簡直是⋯⋯天啊！」

最後，有一輛深藍色的轎車開了進來，一位胖警官從車裡跳了出來，他穿著聚酯合成纖維的西裝，戴著墨鏡。聯邦警察到了。

「很高興可以為大家服務！」我們聽見他宏亮的聲音說：「有什麼問題嗎？」

一位警察指著警車裡面，正在咯咯發笑的我們（「你看，那兩個毒癮犯者可能已經開始毒癮發作了。」）FBI先生輕蔑的看我們一眼，然後把那瓶咖啡因拿了過來，透著陽光作目視的檢查。之

後，他不屑的搖搖頭。一位較年長的警察又對我問了一些同樣的問題，不過他還不錯，同意讓梅格到便利商店買飲料。

「咖啡因？」我又解釋給他聽，可是他還是不理解。「連咖啡因我都無法確定是不是合法，你的包包裡面裝的如果真的是咖啡因的話。」他用拇指指著後面正在搜查我們車子的警官，接著說道：「我們馬上就知道了。」

「喔，真的嗎？」我說：「你在報紙上有沒有讀過一則新聞，一個男子說他帶著他祖母的骨灰，可是被你們搜查的時候，卻發現原來是古柯鹼。」

「是嗎？你是在哪裡弄到這個東西的？」

我向他解釋，我們所喝的汽水當中所含的咖啡因，就是來自低咖啡因的咖啡豆提煉出來的（美國人所攝取的咖啡因當中，有一半來自這裡）。通常一杯咖啡有一百到兩百毫克的咖啡因，而汽水則有五十到一百毫克。所以我那一小罐十公克的純咖啡因就等於一百杯咖啡，如果我一次通通把它吃掉的話，那就有可能會喪命。像這樣的純咖啡因只要放在舌頭上，就可以被吸收掉了，如此也可以避免引起肚子疼痛（那是咖啡因唯一的副作用）。

「放在舌頭上？」警察問：「那聽起來一點都不合法。」

梅格蹦蹦跳跳的回到車上，她不小心把一瓶水倒在自己身上，這讓詢問我們的警察對我們親切了一點。不過正在用儀器化驗的警察還是照樣嚴肅。等他做完化驗之後，就叫我過去把手放在車蓋上，梅格則被叫回巡邏車上。

「沒錯，朋友。」他笑著對我說：「你的東西呈現陽性反應。那

是百分之百的古柯鹼。」

「你在開玩笑吧？」這整件事已經太誇張了。我敢確定那是咖啡因，應該是他們的儀器出錯了……可是，我又怎麼知道賣我東西的人到底在罐子裡面放了什麼呢？

「聽起來連你自己都不很肯定。」他高興的看著我說：「他們說你是在網路上買的，對吧？」

「是啊。」

「所以其實你不知道這裡頭到底是什麼鬼東西，是吧？你花了多少錢買這個東西呢？」

「十塊錢。這罐差不多有十公克，如果真的是古柯鹼的話……」

「那你就真的賺翻了！」他笑著猛拍了一下我的背部，然後又說道：「小傢伙，你真的是賺到了！」他與其他警察又笑了一翻，然後上了車開走了。

接著，哈普與警察們都圍了過來。

哈普說：「你聽著，我們不知道這是什麼，或許是合法或非法，我們還是決定讓你走，不過有一個條件。你要在我們全部人面前，在路邊把這瓶東西倒掉。」他把小瓶子還給我，然後說道：「這是為你自己好。如果你在肯塔基州被抓到，那是會被判死刑的。」

「你的意思是，就算它是合法的東西，還是得把它銷毀？」

「我們就是不知道，因為它或許是違法的。」哈普說：「但是因為你很合作，所以我們願意相信你，下次不要再發生就好了。」

謝謝你啊，警官！我很想這麼說，可是坦白說，我們已經開始厭倦雅典城了。於是我走到高速公路旁，把小罐子裡的白色粉末

全部倒掉。我很訝異他們竟然沒有照相！警察似乎都很開心，不管他們是否侵犯我的人權，強迫我銷毀自己合法的私人財產，大概都是一堆笨蛋。不過，他們還算蠻有禮貌，甚至還給我一張被搜車的「收據」。

「把它保留好。如果其他警察要搜你的車時，給他看一看就好了。」難道現在一定要收據才能避免被搜查嗎？哈普跟我握握手說：「把你的煞車燈修好，知道嗎？」

我很慶幸在哈普警察魯莽的搜索之下，沒有損害到我那台古董級的486手提電腦。這台電腦可以用數據機連接到網路。網路與最近的咖啡屋，其功能是相同的，是一些不同身分的人聚集在一起交換意見的社交場所。網路的用處很廣，科學家之間可以互送筆記，不同的主題可以分成幾個不同的網頁。就如倫敦咖啡屋裡面的談話資料就被編輯成理察・史蒂爾的著作《閒談者》（*Richard Steele Tatler*），這本書裡的材料又編輯成許多不同專業的雜誌。

在網路上一個最古老的圖像就是在劍橋電腦室，或者在網路咖啡屋裡的那個咖啡壺[3]，而這並不是偶然的，因為在網路咖啡屋裡，可以同時有成千上萬的人「聚」在一起聊天。所以梅格與我也一邊開著車遊走美國，一邊在網路上遊覽，與超過一億的網路用戶

---

3. 這個不討人喜愛的咖啡壺在1991年，早在全球資訊系統之前就出現在網路上。此壺屬於劍橋電腦駭客的，會在偏僻電腦室的電腦螢幕上出現，告訴電腦前面的人有剛煮好的咖啡。今天稱為「特洛伊房間之壺」的咖啡壺，已經是世界最有名的咖啡壺，網路上有成千上萬的人看過。雖然在網路受歡迎，但實際上咖啡品質卻很差。

一樣，一邊遊玩一邊上網，我也立即在網路上張貼一篇我們遇到哈普警官的文章。

「他們是在禁咖啡吧！」討論網頁上回覆：「他們都是可惡的爛東西，只喜歡刁難別人。這個國家與這個世界上的很多好人將會起來打擊這些禁咖啡論者，讓他們從地球消失。他們是自由與正義的背叛者，他們的消失不會有人哀悼。」

咖啡因萬歲

網路社群跟十八世紀的咖啡廳很像，充滿著懷疑政府與充滿想像力的人。反哈普的人很快就推出一套關於政府想要將咖啡與菸酒作同樣處置的理論。有人寫道：「在咖啡之後，接下來就是可口可樂、砂糖，然後就是水，最後是空氣。」有一位護士描寫他的主管要她戒掉咖啡因的習慣。其他上夜班的護士也說他們現在都要等到主管離開之後，才敢喝咖啡或可樂。有一間醫院還將所有含咖啡因的飲料從販賣機中取出。在澳洲，販賣兩倍濃的可口可樂（包括含有一百豪克的咖啡因）是違法的。有一個「alt.coffee」網站最近正在討論當咖啡師在給顧客調製兩倍的濃縮咖啡之前，是否應該要先問他們的年齡以免心臟衰弱而撐不住。

這些並不全是網路上的傳言。美國食品藥物管理局現在已經控制所有含咖啡因的食品，而有些公司錄取員工之前會先測他們是否有濫用咖啡因。奧運委員會已將咖啡因與類固醇同樣列為違法藥物；1993年，一位歐洲蛙式游泳選手被測試出她體內的咖啡因量相

當於六杯咖啡時，她的冠軍資格就被剝奪了[4]。最近五年，為了幫助咖啡因成癮者戒掉咖啡因，一個十二步驟療程的「咖啡因無名會」（Caffeine Anonymous）組織於俄勒岡州的波特蘭成立。

有人在網路上寫著：「當時，我們一堆人站在星巴克裡面大排長龍，大家都不耐煩的說：『快點，快點啦！為什麼那麼慢！？』我們簡直跟海洛因毒癮者一樣。」

美國國家藥物濫用研究所有一篇報導，每年大約有五千名美國人由於咖啡因過量而死亡，這項數字相當於因為毒品而死亡的人數。另外，由於酒精中毒而死亡的，每年大約有十二萬五千人（不包括車禍所造成的死亡人數），因為吸食大麻而死亡的還沒有過。

美國精神病學協會於1994年發現，咖啡因算是可以令人上癮的一種藥物，所以現在他們將咖啡因與有咖啡因的物質，歸類為如同海洛因與尼古丁的違禁品。「美國精神病學協會」（APA）的《精神疾病診斷與統計》（*Diagnostic Statistical Manual of Mental Disorders*）手冊寫著：「假如飲用過量，咖啡因也可以導致人體的反彈……在醫學上，人體會開始對咖啡因產生依賴性。」根據APA研究，飲用咖啡的人口當中，有百分之九十四的人患有「咖啡因依賴症候群」。症狀包括無法控制的壞脾氣、嘔吐、疲憊、疑心病，甚至會產生以為自己是電腦數據機的妄想症。

當我們開車經過阿肯色州的小岩城時，我看到一篇有趣的回覆，上面寫著：「喝了一天的咖啡後，我躺在床上，一開始我還以

---

4. 研究顯示，全世界人口中有75%只要喝兩杯濃烈咖啡就可以增強運動體力。

為自己是一台電腦數據機,這是真的,我沒有在開玩笑。當時我躺在床上,集中精神接收所有的來電,然後正確的傳送出去。那些咖啡因簡直搞亂了我的頭腦。」

「咖啡因是一種精神刺激藥物,所以這位仁兄會以為自己是一台電腦數據機其實並不誇張。」一位人士回應以上訊息,「我已經受夠了那些喝咖啡像在喝水的人了。」

這些對於美國的五角大廈都已經不是什麼新聞了。美國於1832年早已為了戰爭,開始利用咖啡因來促進暴力行為:在安德魯・傑克遜(Andrew Jackson)總統的時代,就已經開始以咖啡(每一百位士兵就有六磅的咖啡)替代酒,這項改變使得支持聯邦政府的士兵成為南北戰爭時第一批咖啡因武士,就跟衣索匹亞的奧羅墨武士一樣。根據一項軍事文獻記載,士兵靠著象徵「在密蘇里河飲酒作樂」的咖啡,振奮了作戰的精神。當他們對咖啡的依賴性更強,而作戰糧食被減半的時候,他們更需要以兩倍的咖啡來代替糧食的不足。而南兵因為禁止對外通商,沒有咖啡來提振作戰精神,最後遭致失敗。[5]

美國南北戰爭證明了咖啡可以增進士兵的體能,但是讓五角大廈更感興趣的是,咖啡因會對人的精神產生變化;可羅瑟(J.D. Crother)在1902年的一次實驗當中就曾寫道:「在某些例子,有

---

5. 美國南方聯盟曾經企圖以美國原住民傳統的一種咖啡因飲料dahoon,來遞補咖啡產量的不足,可是效果不佳。根據歷史學家羅夫・霍特(Ralph Holt)記載,dahoon取自於cassina(一種植物),美國南部原住民習慣製作這種咖啡因飲料,給為榮譽而戰的英勇戰士與首領享用,也有人用此種植物製酒。

些人會出現極度自大的幻覺……而且通常是魯莽又狂妄。南北戰爭中，有一位表現突出的上將喝了幾杯咖啡後，在線上表現格外英勇無懼。大家都認為他一定是喝了酒或是被下了什麼毒，結果他們發現他只不過是喝了幾杯咖啡。」咖啡可以說是將軍夢想中的藥物——喝了幾杯之後，士兵們便會不顧危險的勇敢向前衝。這種認知後來在一次軍事研究當中被證實會產生「咖啡因出血性的自虐」反應，這意思是說，咖啡因可以讓老鼠產生過度的攻擊性，最後甚至會把自己給咬死。

美國一個軍事機構所發行的一本軍方文獻《軍事咖啡》（*Coffee for the Armed Forces*）曾經提到，早在1800年代，軍方就已經開始研製一種「軍事專用」的咖啡，包括三個必備條件，那就是重量輕、持久性，及易消化。最初研製出來的是一種高密度的濃縮塊狀萃取餅，而美國國會也立即於1862年授權軍方使用。

這種塊狀咖啡很適合軍方，因為它不需要包裝，也不需要煮，只需與水「攪拌」即可得到該有的「心理作用」。簡單的說，軍人只要用他的口水就可以「喝」到咖啡了，就跟咀嚼菸草一樣，同樣可以得到抽菸的效果。根據軍方資料，每個半盎司的咖啡餅「與口水混合後所得到的效果就如同半品脫的咖啡。」

如果這種咖啡的做法聽起來很熟悉的話，那是正常的。這可以算是全世界第一種沖泡式的即溶咖啡，原先是為了軍事用途，最後卻成為美國近幾十年來重要的咖啡文化。[6]

這種「咀嚼咖啡」的方式在美國南北戰爭結束後也跟著消失了。軍方繼續研製他們所要的咖啡，採取當年鮑德溫船長（Captain

Baldwin）用於北極圈探險時的咖啡樣式，於 1903 年研發出粉末狀的「軍事成功」（militarily successful）咖啡。實地運用於第一次世界大戰，每個月計有十五家工廠生產六百萬磅的咖啡。整個軍事方面的消耗量暴增到百分之三千，足足增加三十倍。到了第二次世界大戰前，已經有一百二十五處咖啡農地以及二十二個家庭式的咖啡種植場積極為軍方弟兄生產。

當時軍方平均每人每天飲用的量增加了三倍，達到兩盎司（約六杯強烈的咖啡）。就連傘兵跳傘時也隨身攜帶小包的咖啡，這些小包的咖啡之後被「358 大酒瓶」（358 Magnum）膠囊所取代，每個膠囊裡面裝有約三百多毫克的純咖啡因[7]。

戰爭結束後，一些美國空軍的長官曾經舉辦過一次矇眼品嘗幾種混合式咖啡，試圖找出非戰場上使用的，最強烈而且危險性也最高的咖啡。大家品嘗之後，意見紛紛，這些神秘的混合式咖啡樣品至今仍被列為機密。到了 1999 年，美國政府撥了二十五萬美元給軍方，要他們研發改良式含咖啡因口香糖的新產品。

不同於南北戰爭的「咀嚼咖啡」，即溶咖啡並沒有在第二次世界大戰結束後跟著消失。數百萬名士兵與護士帶回普魯斯特式（Proustian）的思想，將咖啡的滋味與他們人生最深刻的體驗融合

---

6. 這裡是指喬之咖啡（Cup of Joe）。據說海軍參謀總長喬瑟夫‧喬‧丹尼爾（Josephus『Joe』Daniels）不但嚴禁海軍船艦上有酒，還嚴禁賣酒給穿制服的士兵（他也停止發放免費保險套）。他使咖啡成為美國海軍的正式飲料，所以喬之咖啡就是為了紀念他而命名。不過也有其他說法，例如 Joe 源自 mocha-java，後來演變成 mo-jo，最後才變成 Joe。

7. 空軍為了保持機動力，提供晚間飛行的飛行員補充大量維他命 A（可強化眼力），也提供維他命 B，因為維他命 B 可以使人對聲音的感覺變得遲鈍，如此比較不易被戰爭時所發生的巨響嚇到。

一起。

　　戰後咖啡的內銷量大增，到了1958年，美國國內大約有三分之一的咖啡都是即溶的。這種趨勢一直持續到越戰開始的時候，當時的軍人只能喝到最苦，最難喝的「品嚐家精選咖啡」（Taster's Choice）的渣滓。緊接下來的就是咖啡革命的舞台，就在戰爭結束前兩年，星巴克咖啡公司剛好展開第一家咖啡館的營運。

18

尾聲

睡眠,是不適當的咖啡因替代品。

—— 英國一位咖啡愛好者

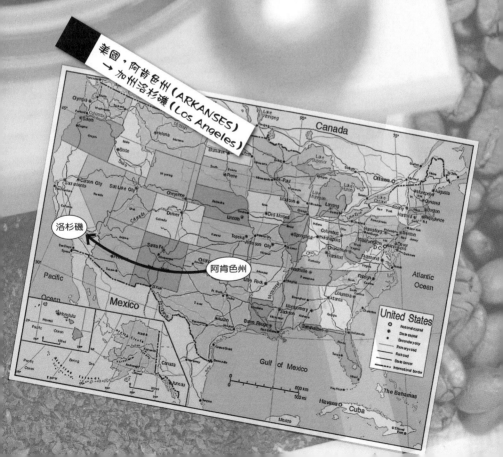

在這趟旅行之前，我們已經用心在奧克拉荷馬州進行嚴肅的研究。為了不想「折磨」你們，我們經歷的過程就不再詳述，就像我們跑過無數次的 Stucky's 與 Cracker Barrel 咖啡屋，還有 Pojo's、Hardee's，和 Denny's 等美國西餐廳，都是毫無特色、服務態度冷漠的快餐聯鎖店。這些沒有特色的聯鎖店，正如充滿膿汁的潰瘍爆發出來一樣，分佈在全美各地，滲出淡而無味、苦澀、毫無價值的咖啡。

有一位男士發了一封電子郵件，上面寫著：「你已經陷入咖啡地獄！」可是我認為他大可把咖啡這個名辭刪掉。我們的旅途越過悶熱無趣的平原，途中偶爾可以看到三五成群的各類破舊的活動後掛式房車停靠在路旁，隨著他們古老的冷氣機一起震動。沒錯，我們的確到了貧窮白人的領土，在這裡，「沒太得靈」（methedrine）是大多數人在早上選擇喚醒自己的迷幻藥。

如果你們對我使用「貧窮白人」一辭有不滿的地方，希望你們知道我是有資格用這個字彙的，因為我的血統（在美國）流著「貧窮白人」的血液，我的家族出身包括三代來自南卡羅來納州的非法買賣酒類者、脫衣舞孃，還有支票偽造者。

梅格，一個土生土長的曼哈頓人，認為這一切都非常浪漫。「你知道嗎，我還蠻喜歡這裡的。」她一直不停的重複著：「我覺得這才是真正的美國。我確信這些人一定都是非常親切甜美的美國人。」

我說：「他們每個人都像是一個香甜的杯形蛋糕。」

後來，我們在距離高速公路幾哩的一家旅館過夜，我搞不清楚正確的地點在哪裡，但我記得那是一家稱作「西沙」（Western

Sands）的旅館，一間一層樓高，擁有一個鋪滿碎石的停車場，外型呈「L」字型的汽車旅館。當我走向房間登記處的時候，我的腳底下好像踩扁數百隻半清醒的蝗蟲。

「每間房間三十美元，不過不要期望像假日飯店（Holiday Inn）一樣舒適。」坐在櫃檯的男子說。他好像穿著內褲而已，又將手伸進褲子裡抓了一下，接著又說：「我算你二十五美元就好。」

我還沒要求打折就這麼便宜了，不過我還是猶豫一下，因為西沙似乎缺少了什麼。小小的大廳裡到處是菸頭，不管是在地上、櫃檯上，或是沙發上都是，像落葉一樣被秋風吹得散落各處。地毯上全都是百威啤酒罐與牛奶盒，地毯也被燒了一個洞一個洞的。

櫃檯的接待員在桌上一堆垃圾裡面找了半天。「對不起，我找不到住宿登記本。我發誓，我真的好累喔！你知道嗎，當你累到一個程度的時候，你不只是熟睡了而已，而是整個人都倒下來了。」

「倒下來？」

「對，百分之百，精神都跑掉了。可是我不可以這樣，你知道嗎？」

「不能怎樣？」我問他。

「當然是不能倒在那裡囉！」

我看他越講越興奮，建議他：「如果你喝一些咖啡，可能會好些。」

他露出牙齒，回我一個懷著陰謀的笑容說：「我不喝那東西。我的胃最近很敏感，我只能吃玉米片加牛奶。」

他牙齒的顏色像上了亮光漆的木頭，他一定是海洛因的成癮

者，一種貧窮白人常用的古柯鹼。難怪他會喜歡玉米麥片加牛奶（可以讓胃舒服些），也難怪他的談話經常前後不連貫。

「我找到了！我可以給你們18號的房間。」他突然驚訝的挑起眉毛說：「我想這個房間好像才清理沒多久。」

「嗨！你們兩個男生在幹什麼？」原來是梅格。她快速往房裡看了一眼，看起來一副很驚訝的樣子。幸好她曾經到亞洲旅遊，尚可接受這樣的房間。「你在幫我們訂房間呀？」梅格接著說。

男子說：「是啊，只要你不是想要什麼特別的服務或裝潢。就像我所說的，這裡不是什麼假日飯店……」

「哦，當然不是，這已經可以了啦！我只需要一個地方睡覺而已。」梅格大聲的說，她似乎已經開始有德州的口音。

「床單是乾淨的，至少我記得是如此。」他喃喃的說：「還有HBO和有線電視節目，不過我已經沒有遙控器了。我曾經買一打遙控器，可是不到一星期就不見了。」

他帶我們走出去，光著腳走在蝗蟲上面。他只穿一件低腰的長運動褲，而且低到……好了，不理他。

「你們兩個結婚了嗎？」他問。

「是的！」梅格回答。

他看了梅格一下又問道：「你們為什麼沒有戴戒指？」

「掉到廚房的廚餘碾碎機裡去了。」她說。

「真要命！可惜我的朋友沒在那裡，不然的話他可以從廚餘碾碎機裡取回任何東西。」他摸索一把鑰匙，然後又問：「你們兩枚戒指都掉到廚餘碾碎機裡去了嗎？」

「他的是掉進馬桶。」

「真糟糕，你們最好不要有東西掉進這裡的馬桶。」他喃喃著說，最後他放棄尋找鑰匙，乾脆用腳把門踢開。「我不希望有任何東西塞在馬桶裡。不准掉。好了，你們可以進去了。就像我說過的一樣，這裡並不豪華，不像……」

「不像假日酒店，」我接上他的話，然後問：「這門沒有鎖嗎？」

「沒有。」門把上有凹進去的痕跡，看起來像是被踢進去的。「只要在門後放一張椅子就可以了，一定不會有什麼問題。」

房間裡鋪著深暗木頭顏色的塑膠地板，剛好有兩張床，還有一台用鐵鍊鍊在牆上的電視。至少床單是乾淨的。我們躺下來享受冷氣，梅格看了一部約翰・屈伏塔主演的驚悚片，而我繼續使用電腦，看到一篇可能是作者使用咖啡因過量所寫出來的文章。

「『Water Joe』（咖啡因水）是好貨，我用它來做濃縮咖啡，然後放進一顆咖啡因片劑（vivarin，含有很強咖啡因的一種藥）使它溶化，而不是放入方糖或檸檬皮，這樣就會變得很好喝。可是幾分鐘過後，我的背部開始疼痛，接著又會想要尿尿，這種反應是正常的嗎？我從來沒有吃過咖啡因藥片，因為可能會燙傷或堵住我的鼻子……我到底把那瓶濃可樂（Jolt Cola，比一般可樂的咖啡因還要多出很多的可樂飲料）放到哪去了……我的狗兒一直在舔我的腿……」

這篇文章就這樣持續六頁，這就是所謂網路咖啡癮者的廢話。我因為抽搐而睡不著覺，於是梅格跟我到附近一家「紅狗酒吧」（Red Dog Saloon）喝啤酒。酒吧裡只有一位中年婦女和幾個看起

來骯髒的男子，那些男子都戴著卡車司機的帽子，口中一直唸著種族歧視的辭語。我們點一罐百威啤酒，因為也沒什麼選擇。那位中年婦女正在對酒保抱怨她房子的問題。

「我先生很想從我爸媽的拖車搬出去住，只是，他要找到一個可以釣魚的地方才會搬。」她說。

「這可以理解，一定要先找到適當的地點才能搬。」酒保說。

「當然，孩子也會喜歡搬出去住。」

孩子？她與父母親、先生，以及孩子們都住在一輛拖車裡？梅格與我把啤酒喝完打算離開，因為這裡實在太令人沮喪了。這位婦女家人很多，但她卻半夜一個人獨自坐在酒吧喝酒。酒保叫我們要小心在停車場的人，原來他們就是那幾個有種族歧視的白人，或許正在做毒品交易。

我們走回車上時，一個男子對我們大叫：「你們趕著要去哪裡呀？我們都是很好的人，請你們進來再坐一回兒吧。」

我們喃喃著說已經開一整天車了，很累了。我們並沒有提到我們的亞利安族的會員卡（Aryan Nation Membership）過期了。

「你們住在哪一家旅館呢？」

我想到我們住的房間有個沒鎖的門，所以就隨便騙他說：「哦，是白色旅館。」

「我沒聽說過有那家旅館。我跟我的朋友都歡迎你們住到我們家，就往這條路一直開下去就到了。」他指著一條沒有路燈的小路。

我們小聲的謝絕了。不過他還是向我們這裡走過來，他的朋友

也從卡車下來。

「下次吧，晚安。」我跳上車。

「好吧，或許我們會再碰面。」他說。

我們開車回旅館的途中，梅格說：「他人好像蠻好的。你覺得他可以當我的新男友嗎？」

有一件事實是，美國要到第一次在主要戰役中落敗後，才學會做一杯像樣的咖啡，這是撰寫咖啡文明史的很好歷史材料（我們不用提到喬菲的「咖啡擴張論」）。很不幸的是，它卻被普遍認知為60年代抗議過度加工食品的事件之一。大家都認為全麥麵包等於全豆咖啡。所以，有一項特殊咖啡運動就在反傳統文化之都的加州柏克萊發起的，這並不會令人感到意外。

當時有一個名叫阿佛列・彼特（Alfred Peet）的紳士開了一家「彼特之茶與咖啡」（Peet's Tea and Coffee）咖啡屋。而這家咖啡屋就是專門烘培新鮮的黑咖啡，生意好到他的商業夥伴也都紛紛到外面開店，譬如波士頓咖啡關係企業（Boston's Coffee Connection）、佛羅里達的「巴尼咖啡」（Florida's Barney），當然也有西雅圖的「星巴克咖啡」（Seattle's Starbucks），這些都是促成今天每年約六兆美元咖啡市場的功臣。

這個食物鏈的最上面一層就是無所不在的星巴克咖啡，現在星巴克商標上的美人魚經常是笑話中的話題：這個美人魚就是星巴克商標上的美人魚，而星巴克就是《白鯨記》裡的大副。甚至有些網站是專門用來批評星巴克的。我不同意這些負面的看法，雖然星巴

克咖啡是一家超大型企業，導致許多其他小型企業倒閉，但這就是大型企業的必然之道。重要的是他們製作的咖啡很好喝，而星巴克咖啡的店員通常也都是一流的（我說這句話是裝著鬼臉的，表示我的身體並不完全認同）。不過話說回來，如果我現在在奧克拉荷馬州的荒野上看到一家星巴克，一定會喜極而泣，就如同幾千年前的阿夏地利發現咖啡豆時一樣的欣喜。

不管怎麼說，一直到目前為止，在我們探尋的咖啡裡，星巴克咖啡仍然不是我們要尋找的對象，因為它不再能製作好喝的美式咖啡，就像義大利歌劇家威爾第無法寫出藍調歌曲一樣。星巴克製作的咖啡全都是運用美化的濃縮咖啡與卡布奇諾等義大利式的方法，與美國式傳統烹煮咖啡的技巧完全不同。而這個結果的產生可以追溯到1887年，一本非常普及而熱門的《白宮食譜》（*White House Cookbook*），在這本食譜裡，收集許多總統級的食譜，這本書的前言寫著：「本書介紹的烹飪方法都是當今完美廚藝的代表作。」

左圖：世界第一家星巴克咖啡座落於西雅圖。右圖：星巴克商標的美人魚。

在幾百篇的食譜當中（包括松鼠湯在內），有一篇影響美國咖啡最深遠的食譜就是：

〔烹煮咖啡〕

1. 將一杯磨好的咖啡豆與一顆蛋及部份蛋殼攪和，加入半杯冷水。
2. 然後放入咖啡鍋爐裡，再加入一夸脫沸水（約0.946公升）。
3. 即將煮沸時，用銀湯匙或叉子攪拌，然後再繼續讓煮沸十到十二分鐘。
4. 接著把火關掉，倒出一杯咖啡，然後再倒回咖啡壺。不要再煮沸，讓它保溫五分鐘，接著就可以送上桌，趁熱飲用。

這是煮咖啡的墳墓，因為世界上沒有一種咖啡豆可以承受這種像是原子彈爆炸的惡劣做法，就算是高貴如牙買加的藍山咖啡豆或是陳年的蘇門達臘咖啡豆也是一樣。如果做法正確，會煮成一種濃烈帶毛皮的咖啡，這種咖啡就像德州大草原一樣，也就是我們現在開車正通過的大草原。

當我們越過奧克拉荷馬州與德州邊界時，一位朋友在網路上留言：「孩子們，不用擔心，你們會找到想要找的東西。那是一個盛產黃金咖啡壺的地區。當你們駛近富魯格維爾市（Pflugerville）的時候，不妨尋找一間叫做達特咖啡屋（Dot's Café），試試他們的咖啡。我了解你的意思，雖然現在的卡車休息站所賣的咖啡已經不像從前那樣了。」

不過，我到現在還是搞不清楚富魯格維爾市到底躲在哪裡，因

為我們希望能夠一直開在66號公路上，以方便一路開到洛杉磯。唯一的問題是我們找不到它在地圖上的位置。一直到我們開到大草原上的一條六個車道的I-40公路，才隱約發現一旁有一條兩個車道，鋪著柏油的小公路，好像一個小弟弟想跟大哥哥玩而一直跟在旁邊。

原來那條66號小公路是因為新的I-40高速公路的興建而沒有被列在地圖上。那條66號公路是五十年前大蕭條的時代，許多美國人為了找工作而往西部移動時的路線，路上的許多小鎮，如阿馬里洛（Amarillo）、麥克林（McLean）、傑利可（Jericho）、康偉（Conway）等等，都是當年的小型休息站，大家都會在休息站加油或喝咖啡。今天，這裡不過是一條長達一千哩的鬼域，一路上散置著許多已荒廢加油站與封閉的咖啡屋。

星期六開了一整天，一路上的風景都是一樣，到了星期天早晨，我們看到一間已經封閉的旅館上方，有一個退色的藍色廣告牌，上面寫著：「艾吉恩咖啡屋」（Adrien's Coffeeshop）。我們於是開下主要幹道，看看那間咖啡屋是否有開業，接著又看到一個手寫的指示牌，上面寫著：「歡迎來到艾吉恩！你現在位於66號公路上，剛好在芝加哥與洛杉磯的正中間！歡迎光臨！」

我們進入這家咖啡屋，店裡的裝飾是一個牛的骷髏頭與「耶穌愛你」的車牌。化妝室外面設有一道紗窗門。我們點了咖啡，後來發現這是第一家純美式的咖啡，不但黑色、濃稠，而且味道強烈。服務生用派熱克斯玻璃（Pyrex）咖啡壺倒咖啡給我們，味道強烈到讓我們難以招架。真是難喝無比。

舌頭在一陣顫抖之後，我開口說：「其實沒那麼糟。」

「是最棒的！」梅格說。

教會活動剛剛結束，當地居民陸陸續續走進咖啡店，女生穿著花裙，男生則戴著大牛仔帽。連牧師也來湊熱鬧。有一位滿頭銀髮的老年人與他二十幾歲的胖兒子一起走進來，他們兩人都穿著三件式的西裝，臉上帶著很愉快的笑容，看起來一副像是要競選總統一樣。甜美的服務小姐端上牛排與薯條，讓我們大快朵頤。甜點是我吃過最好吃的黑莓水果派，剛烤好，上面還放一球香草冰淇淋，簡直是天賜的甘露。

「這是我一生當中吃過最好吃的派。」梅格說。於是我們又點一份派。「你不覺得這是最棒的地方嗎？」

我覺得沒有那麼誇張吧！不過我還是同意了，「的確不錯。」

「這就是我們要找的，對不對？」梅格懇求著說：「我們不要再找了好不好？拜託！」

梅格的精神看起來並不是很好。我們每天大約喝十二杯黑咖啡，再加上大量的麻黃素（ephedrine），一種卡車司機之間常用的合法安非他命。當時我們並不知道，其實美國食品及藥物管理局（FDA）已經將含有咖啡因的麻黃素列為違禁藥物，因為他們會讓人產生一些症狀，如突然莫名其妙的笑個不停、妄想，以及憂鬱沮喪[1]。而這些症狀正是我們兩人已經開始發作的症狀。我的眼球甚

---

1. 來自葉門的老朋友 qat 與麻黃素有密切關係，兩者都含有活性化學成份，也都會產生類似的副作用。美國地下毒品市場有一種稱為 meta-qat 的新型毒品，俗稱 Jeff、Mulva，或 Cat。

至已經開始抽搐、跳動，就像原子動力潛水艇上的官兵常見的症狀，因為他們都是咖啡因狂。我也發現，梅格微突的藍色眼睛比平常還要更突出，好像快要爆出頭顱似的。

「好吧，這正是我們要找的美國最好的咖啡！」我說。

「你是說美國最難喝的，對吧？」

「是最糟的咖啡裡面最好的一種，這樣就夠好了。」我說。

到過艾吉恩咖啡屋之後，我們對德州就更了解了。車內收音機播放出來的基督教詩歌，聽起來就好像我們車內的冷氣一樣沒有什麼用處。德州人可以穿緊身的牛仔褲，接受耶穌基督的愛，輕鬆自在的過著和平的日子。美國，阿門。我開車時精神不是很好，只差那麼幾吋就擦撞到一輛載滿小孩的休旅車。不過他們並沒有生氣，因為他們是德州人。當他們把車子開到靠近我們的車旁時，他們還向我們表示耶穌愛世人，而他們那怪異的笑容似乎是在感謝我們差一點就送他們上天堂。

「我知道我很適合住在這裡，我可以後半輩子都待在這裡。我想我已經愛上德州了，或許我的上輩子就是一個女牛仔。」梅格不斷重複的說著。

我跟她說，在天氣好的夜晚，牛仔會將他們的卡車車頭往內圍成一個大圓圈，然後開啟大車燈，接著就將所有卡車的收音機頻道全都調到同一個音樂電台再一起跳舞。

梅格聽完我說的話後，看她好像感動得快要哭出來了。「你可不可以直接就讓我在下一個鎮下車呢？」她半開玩笑的問道。

我們從艾吉恩開往新墨西哥州的道絲（Taos），從原來的草原

開始慢慢變成紅岩的峭壁，空氣也越來越乾燥了。當艾吉恩帶給我們的幸福感慢慢消失以後，我們知道我們有可能在任何一個地方找到剛剛的感受。因為每一個地方有著同樣的餐廳、同樣的建築物，還有同樣的食物，就算是來自美國東部新鮮冷凍的食品，同樣可以運到另一個地方，重新加熱，原味提供客人享用，這就是美式做法。你可以在某個荒郊野外買一塊地，然後將它規劃成許多商店，把它們清理得非常乾淨，不但一塵不染，而且沒有雜味，不需要有什麼特色，只要把它放在那裡。等過一陣子，當你將這個地區的商業活動都關閉，就可以開始漲房租了。但這一切都不是真實的，因為只要我一踩油門，窗外的景色就立刻變換；如果我在電腦鍵盤上按個鈕，電腦銀幕也會立刻跳換，每隔一分鐘就會有一篇新的文章。

我們到了亞利桑那州時，看到在網路上有一篇文章寫著：「咖啡因讓我更接近我的神，不過祂現在開始離我越來越遠了。咖啡豆我越加越多，不過我現在已經加到飽和的程度了，無法溶解了。我需要純咖啡因，請救救我！」

我們開車經過荒涼的那瓦侯（Navajo）印地安保護區時，我猜想每一個年代咖啡豆的用途都是以他們對現實的認知而使用。衣索匹亞與中東最早的咖啡教認為咖啡是通往神的窗口，十八世紀的歐洲人權主義者更是以咖啡製造一個理性的社會。而重視效率及速度的美國人，只是利用咖啡來提神，到更多地方做更多事，沒有顧慮它的後果。

剩下來的旅程，對我來說已經是一片模糊。我記得我跟梅格於凌晨三點還在一家幽暗的「餅乾咖啡屋」內笑服務生不幫我們續杯，當時我們兩人是僅有的顧客。我還記得拉斯維加斯的「馬戲團吃到飽」餐廳，其臭無比的咖啡，還有隔壁桌一位女士一邊哭一邊計算她輸掉的錢；也記得一路上有一堆醜陋、愚蠢、貪心的人，以及來自寮國的發牌者賴瑞。還有更多的麻黃素、更多的咖啡與酒，而梅格總是坐在一旁，不是唱歌唱到走音，就是爆笑笑到發抖。現在輪到她坐在駕駛座上，跟隨我們在公路上行駛的還有幾百輛車子。

我們在前往洛杉磯市中心的高速公路上，終於到了西岸！可是梅格卻無法停止發笑，她已經笑到無法掌握方向盤了，於是她把車速放慢，最後乾脆停在高速公路上，其他洛杉磯的開車族都像蝗蟲一樣，快速的從我們的車旁繞過去，而且憤怒的大聲吼著，作勢揮拳、用力猛按喇叭，似乎在抗議我們竟然敢把車子放慢！不准慢下來！快走！快！快！快！可是，此時梅格哪兒也去不成了，因為她已經失神了。她露齒大笑，笑得眼淚直流，勉強彆著嘴脣，像極了一隻生氣的狗兒。（全書完）

史都華與梅格在這趟咖啡之旅中，
每天要喝十二杯黑咖啡。
最後一天的十二杯咖啡喝完了，
這趟咖啡旅程也隨之結束。
然而咖啡的傳播與演化之路，
將不停的延伸下去……

謝辭

謝謝，danke（德語），merci（法語），asante sana（非洲語）！

以下是我要感謝的人：我的太太妮娜（如果她願意跟我結婚的話）、譚雅·拉塔茲（Tanya La Taz，因為她拒絕與我結婚）。

我還要感謝我的哥哥特洛伊與他的太太寶拉，因為他們讓我借宿三個月，也要感謝湯姆沒有把我趕出家門（雖然他有權利可以這麼做）。謝謝編輯茱莉·游耶維克（Juri Jurjevics），她給我簡潔有力的意見（啊！真是一個細心的專業人）。感謝我的經紀人佛麗莎·艾斯（Felicia Eth）對我一直很有信心。

謝謝傑夫提供我很多資訊。感謝安娜貝兒·班特利（Annabel Bentley）永遠那麼慷慨大方。還要特別謝謝哈拉的亞伯拉，以及我在葉門時碰上的葉門人（我永遠不知道怎麼唸他們的名字），當然還有楊吉傑出的騙人技術。謝謝喬瑟夫·喬菲敏銳的洞察力，還有所有我在旅途上碰過的上百萬討厭鬼，當然還要感謝網路上有關咖啡與咖啡因等龐大網路朋友提供很多寶貴資料，不管正確或不正

確，這些資料都可以使人驚奇好幾個世紀。

特別感謝位於瑞士蘇黎士的約翰傑克柏博物館（Johann Jacobs Museum）；倫敦布拉瑪茶葉與咖啡博物館（Bramah Tea and Coffee Museum）；凱薩琳・柯特羅（Catherine Cotelle）的檔案資料庫；大英博物館亞洲部門、法國國家圖書館、紐約研究圖書館、加州大學的圖書館、柏克萊大學圖書館、洛杉磯大學圖書館、阿迪斯阿貝巴市立圖書館、阿迪斯阿貝巴大學圖書館、葉門薩那的無名圖書館、倫敦市政廳圖書館、維也納國家圖書館、舊金山與洛杉磯的市立圖書館等等，或許還有一些其他的圖書館。總之，謝謝大家。

圖片出處索引

133頁—繪者：Jean-Leon Gerome, French.1899

135頁—攝影：吳品賢

139頁—圖片提供：Sinan Bey

140頁—圖片提供：Gryffindor

146頁—（左、右）托普卡匹皇宮典藏

152頁—維也納市歷史博物館典藏

156頁—維也納市歷史博物館典藏

158頁—圖片提供：Gryffindor

165頁—英國皇家典藏

167頁—圖片來源：（左）Ellis Aytoun, 1956.
　　　　　　　　　　（右）Soutn Central Media

169頁—（左）圖片提供：Albinoni
　　　　（右）圖片來源：Library of University Otago

182頁—圖片來源：London News, 17 September,1870

183頁—圖片來源：法蘭西文學網

187頁—圖片來源：Robyn Lee

189頁—圖片來源：terresdecrivains.com

192頁—圖片來源：hdl.loc.gov

193頁—圖片來源：pileface.com

197頁—圖片提供：Shelbycinca

241頁—圖片提供：Salveabahia

244頁—圖片提供：Juan Carol

249頁—圖片來源：library.dal.ca/

250頁—圖片來源：memory.loc.gov/

274頁—攝影：Postdlf

281頁—圖片來源：時報文化出版公司圖庫

CVB0030 生活文化

咖啡癮史：從衣索匹亞到歐洲，橫跨八百年的咖啡文明史
The Devil's Cup: Coffee, the Driving Force in History

作　　者——史都華·李·艾倫（Stewart Lee Allen）
譯　　者——簡瑞宏
主　　編——湯宗勳
執行編輯——張啟淵
美術設計——陳文德
執行企劃——劉凱瑛

發 行 人——趙政岷
出 版 者——時報文化出版企業股份有限公司
　　　　　108019台北市和平西路三段二四〇號四樓
　　　　　發行專線—（〇二）二三〇六—六八四二
　　　　　讀者服務專線—〇八〇〇—二三一一七〇五·（〇二）二三〇四—七一〇三
　　　　　讀者服務傳真—（〇二）二三〇四—六八五八
　　　　　郵撥—一九三四四七二四時報文化出版公司
　　　　　信箱—10899臺北華江橋郵局第九九信箱
時報悅讀網—http://www.readingtimes.com.tw
電子郵箱—history@readingtimes.com.tw
法律顧問—理律法律事務所　陳長文律師、李念祖律師
印　　刷—勁達印刷有限公司
二版一刷—二〇一五年二月六日
二版七刷—二〇二〇年六月十一日
定　　價—新台幣三二〇元
（缺頁或破損的書，請寄回更換）

時報文化出版公司成立於一九七五年，
並於一九九九年股票上櫃公開發行，於二〇〇八年脫離中時集團非屬旺中，
以「尊重智慧與創意的文化事業」為信念。

咖啡癮史：從衣索匹亞到歐洲，橫跨八百年的咖啡文明史 / 史都
華·李·艾倫（Stewart Lee Allen）著；簡瑞宏譯. -- 二版. --
臺北市：時報文化, 2015.02
　　面；　公分. --（生活文化；30）
譯自：The devil's cup : coffee, the driving force in history
ISBN 978-957-13-6188-8（平裝）

1.咖啡

427.42　　　　　　　　　　　　　　　　104000684

ISBN：978-957-13-6188-8
Printed in Taiwan